全国信息技术职业能力培训网络指定教材

Maya 基础教程与案例指导

主　编　赵卫东

副主编　高　斯　曲　根
　　　　王　禹

U0336964

同济大学 出版社
TONGJI UNIVERSITY PRESS
·上海·

内 容 提 要

本书为全国信息技术职业能力培训网络指定教材。全书采用全新的软件核心知识提取与行业应用相结合的学习形式,在实例讲解过程中提炼出实际制作中实用的知识点,通过典型的案例将行业制作的技法与软件功能紧密结合,展现了 Maya 在影视动画、游戏三维制作等领域的实际应用。

本书可供职业院校相关专业学生使用,亦可供广大 Maya 爱好者参考。

图书在版编目(CIP)数据

Maya 基础教程与案例指导/赵卫东主编. --上海:
同济大学出版社,2014.12
ISBN 978-7-5608-5618-6

Ⅰ. ①M… Ⅱ. ①赵… Ⅲ. ①三维动画软件—教材
Ⅳ. ①TP391.41

中国版本图书馆 CIP 数据核字(2014)第 206618 号

Maya 基础教程与案例指导

赵卫东　主编

责任编辑　朱　勇　　责任校对　徐春莲　　封面设计　陈益平

出版发行　同济大学出版社　　www.tongjipress.com.cn
　　　　　(地址:上海市四平路 1239 号　邮编:200092　电话:021-65985622)
经　　销　全国各地新华书店
印　　刷　苏州市古得堡数码印刷有限公司
开　　本　787mm×1092mm　1/16
印　　张　14.5
字　　数　362 000
版　　次　2014 年 12 月第 1 版
印　　次　2024 年 8 月第 2 次印刷
书　　号　ISBN 978-7-5608-5618-6

定　　价　35.00 元

人有一技之长，则可以立身；国有百技所成，则民有所养。教育乃国之大计，然回顾我国千年之教育，皆以"传道授业解惑"为本，"技"之传播游离于外，致使近代我国科技远远落后于列强，成为侵略挨打之对象。洋务运动以来，随着"师夷之长技以制夷"口号的提出，我国职业教育才逐步兴起。

职业教育"意在使全国人民具有各种谋生之才智技艺，必为富国富民之本"。近年来，随着改革开发的逐步深入，职业教育在我国受到空前重视，迎来了历史上最好的发展阶段，为我国的现代化建设输送了大量的人才，为国家的富强、兴盛作出了巨大贡献。然而，目前在生产第一线的劳动者素质偏低、技能型人才紧缺等问题依然十分突出，大力发展职业教育，培养专业技能型人才，仍是我国当前一项重要方针。近年来，偶有所闻的大学生"回炉"，凸显出广大民众、企业对个人职业技能培养的认识正逐步加深，职业教育已成为我国教育系统的重要组成部分，是助力我国经济腾飞不可或缺的一翼。

纵观全球，西方各国的强盛，离不开其职业教育的发展。西方职业教育伴随着工业化进程产生、发展和壮大，在德、法、日等国家，职业教育已得到完善的发展。尤其在德国，职业教育被誉为其经济发展的"秘密武器"，已经形成了完整的体系，其培养的人才活跃在各行各业生产第一线，成为德国现代工业体系的中坚力量。在日本，职业专修学校已与大学、短期大学形成三足鼎立之势，成为高中生接受高等教育的第三条渠道。

在西方国家，职业教育的终身化和全民化趋势越来越明显。职业教育不再是终结性教育而是一种阶段性教育。"加强技术和职业教育与培训，将其作为终身教育的一个重要的内在组成部分；提供全民技术和职业教育与培训"，已成为联合国教科文组织两项重要战略目标。

职业教育是科学技术转化为生产力的核心环节，与时代技术的发展结合紧密。进入21世纪，信息技术已经成为推动世界经济社会变革的重要力量。信息技术应用于企业设计、制造、销售、服务的各个环节，大大提高了其创新能力和生产效率；信息技术广泛运用于通讯、娱乐、购物等，极大地改变了个人的生活方式。信息技术渗透到现代社会生产、生活的每一个环节，成为这个时代最伟大的标志之一。信息技术已成为人们所必须掌握的一项基本技能，对提高个人就业能力、职业前景、生活质量有着极大的帮助。从国家战略出发，大力推进信息技术应用能力的培训已成为当务之急。我国职业教育应紧随历史的步伐，充当技术应用的桥梁，积极推进信息技术应用能力的培训，为国家培养社会紧缺型人才。

"十年树木，百年树人"，人才的培养不在一朝一夕。"工欲善其事，必先利其器"，做好人才培养工作，师资、教材、环境的建设都不可缺少。积极寻求掌握先进技术的合作伙伴，建立现代培训体系，实施系统的培养模式，编写切合实际的教材都是目前可取的手段。

为了更好地推进信息技术人才培养这项工作，作为主管部门，教育部于2009年11月与全球二维和三维设计、工程及娱乐软件公司Autodesk在北京签署《支持中国工程技术教育创新的合作备忘录》。备忘录签署以来，教育部有关部门委托企业数字化技术教育部工程研究中心，联合 Autodesk 公司开展了面向职业院校的培训体系建设、专业软件赠送、专业师资培养、培训课程建设等工作，为信息技术人才培养工作的开展打下良好的基础。

本系列教材正是这项工作的一部分。本系列教材包括部分专业软件的操作，与业务结合的应用技能，上机指导等。教材针对软件的特点，根据职业学校学生的理解程度，以软件的具体操作为主，通过"做中学"的方式，帮助学生掌握软件的特点，并能灵活使用。本系列教材的出版将对信息技术职业能力培训体系的建设，职业学校相关课程的教学，专业人才的培养有切实的帮助。

吴启迪

2010.10.

三维动画又称 3D 动画,是随着计算机软硬件技术的发展而产生的一新兴技术。三维动画技术模拟真实物体的方式使其成为一个有用的工具,其具有运算精确、模拟真实和操作灵便的特性。随着时代的发展,三维动画逐步流行起来,广泛应用于医学、教育、军事、娱乐等诸多领域。在影视广告制作方面,这项新技术能够给人耳目一新的感觉,因此,受到了众多客户的欢迎。三维动画可以用于广告和电影、电视剧的特效制作(如爆炸、烟雾、下雨、光效等)、特技(撞车、变形、虚幻场景或角色等)、广告产品展示、片头飞字等。三维动画软件在计算机中首先建立一个虚拟的世界,设计师在这个虚拟的三维世界中按照要表现的对象的形状尺寸建立模型以及场景,再根据要求设定模型的运动轨迹、虚拟摄影机的运动和其他动画参数,最后按要求为模型赋上特定的材质,并打上灯光。当这一切完成后就可以让计算机自动运算,生成最后的画面。

Autodesk Maya 是美国 Autodesk 公司的三维动画软件。三维动画软件 Maya 2013 简体中文正式版是三维建模、游戏角色动画、电影特效渲染高级制作软件。它集成了最先进的动画及数字效果技术,不仅包括一般三维和视觉效果制作功能,还与最先进的建模、数字化布料模拟、毛发渲染、运动技术相匹配,已然成为当今市场上用来进行数字和三维制作工具的首选解决方案。动画师一旦掌握了 Maya,会极大地提高动画制作效率和品质,调制出仿真的角色动画,渲染出电影一般的真实效果,向世界顶级动画师迈进。其显著特点是:

1. Maya 和 3ds Max 的交互使用;
2. 挤出命令的改进;
3. Humanlk 的改进;
4. 动画曲线编辑器的改进;
5. CAT 和 Humanlk 的交互;
6. Nhair 更新;
7. Alembic 缓存;
8. View 更新;
9. Node Edit 编辑器;
10. 非线性编辑器改进。

Maya 中所含动画、多边形、曲面、布料、渲染、特效六大板块,可来回切换进行使用。

本书分为 16 个章节,主要以案例教学为主,所有案例与练习的数据文件,可从全国信息技术职业能力培训网络网站(http://www.infous365.com.)下载。

本书由全国信息技术职业能力培训网络组织教师编写,赵卫东主编。参加编写的有:高斯、曲根、王禹、周志平、卫刚等。本书在编写过程中得到了众多老师和学员的关心与支持,并提出了很多宝贵意见,在此对他们表示衷心的感谢!

由于作者水平有限,编写时间仓促,书中不足之处,欢迎广大读者批评指正,并为本书的下次改版提供宝贵意见和建议。

编者

2014 年 10 月

目录

序

前言

第 1 章　认识 Maya

1.1　Maya 介绍

1.1.1　电脑配置(图 1-1)

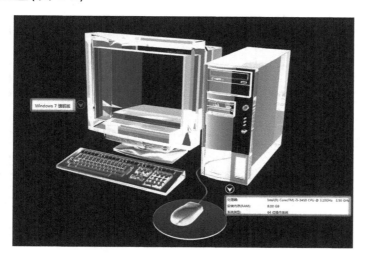

图 1-1　电脑配置

处理器:Intel(R)Core(TM)i5-3450CPU @3.10GHz　3.5GHz

安装内存(RAM):8.00GB

系统类型:64 位操作系统

(注意:此配置适用在 Maya2013 软件中运行,如电脑中还安装了其他大型插件或者软件,须另根据情况更换配置。)

1.1.2　流程介绍

　　三维电脑动画是指影视三维动画,涉及影视特效创意、前期拍摄、影视 3D 动画、特效后期合成、影视剧特效动画等。随着计算机在影视领域的延伸和制作软件的增加,三维数字影像技术扩展了影视拍摄的局限性,在视觉效果上弥补了拍摄的不足,在一定程度上电脑制作的费用远比实拍所产生的费用要低得多,同时为剧组因预算费用、外景地天气、季节变化而节省时间,所以我们将配合 Maya 这款专业的三维电脑动画软件来进一步了解和学习影视动画的流程,如图 1-2 所示。

　　在三维动画流程中,首先要有一个好的故事脚本,有二维分镜头,这样才能看到动画片的各个方面的效果,也能从中修改或者删减一些不需要的镜头。然后,拿到三维模型师手中,将二维图稿做成三维模型并且为模型赋予材质和灯光,如图 1-3 所示。

　　这个时候是最最关键的时候,因为模型还没有给予生命,接下来的动画流程才是角色或者整个动画片的核心部分。在这个流程当中,动画师要反复地进入到他所制作的动画角色中,去感受角色的性格变化以及人物特征,为的是让角色在电影中变得栩栩如生。

　　接着,将得到从三维软件输出的图像。将这些图像在合成软件中进行角色处理或者其他的后期制作,比方说加入些背景。

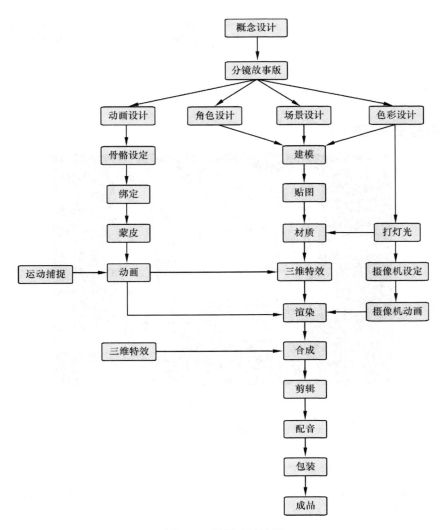

图 1-2 影视动画流程

图 1-3 二维图做成三维模型

图 1-4 是一张《魔戒》中的场景,后期处理中它复制了人物的数量和天空乌云,并且将整个场景的气氛一下子变得浓重并且黑暗。

然后要做的是剪辑和配音。这个环节可能很好理解。剪辑就是组接镜头,形象地说,大

图 1-4 《魔戒》场景

家都看过预告片,大多数预告片都是通过电影剪辑完成的。剪辑完成后再进行配音或者配乐。

这就是整个三维动画的制作流程概述。

1.1.3 Maya 模块介绍——曲面模型

NURBS 建模是目前比较流行的建模技术,主要应用在制作工业模型中。其表面是由一系列曲线和控制点确定的,编辑根据使用的表面或曲线的类型而有所不同,NURBS 曲线可以由定位点或 CV 确定。定位点和节点类似,它位于曲线上,并直接控制着曲线的形状。在软件中,主要是通过曲线点来控制曲线从而控制模型的表面。因此,曲线在 NURBS 建模中显得尤其重要。

1.1.4 Maya 模块介绍——多边形模型

多边形建模是出现时间最早,并且使用最广泛、最易被掌握的建模方法。它是由三角形和四边形的面拼接而成的,每个"面"有不同的尺寸和力向,通过排列这些面,可以用非常简单的方法建立起非常复杂的三维模型。在 Maya 中,大部分的多边形模型是通过四边面来进行表象的。几乎所有模型都可以使用多边形建模的方法来实现。

1.1.5 Maya 模块介绍——材质的制作

贴图制作是整个动画制作过程中最具挑战性的,也是最容易使制作人员获得成就感的。前面只是指定了模型属于哪种物质,而具体的一些特征很难通过材质来完成的。比方说,服饰上的花纹,物体表面的一些擦痕等。这时我们就要通过从 Maya 中导出物体原 UV 坐标,然后在 Photoshop 等绘图软件中绘制出来,再赋予该物体。在制作贴图时,要尽可能详细的描述出所设计的物体的表面特征与细节。

1.1.6 Maya 模块介绍——灯光制作

当渲染出产品时,有了灯光才会有形体的质感表现,Maya 中的灯光能充分表现现实世界中的各种灯光效果,能够渲染出任何你能想象得到的美丽画面。合理布置灯光是相当重要的,有时候场景中需用多个灯光的配合。在 Maya 中,有不同的灯光组合,每种灯的功能又各有特色。

1.1.7　Maya 模块介绍——动画

动画中最主要的是运动规律,是研究时间、空间、速度的概念以及彼此之间的相互关系,从而处理好动画中动作的节奏规律。在动画影片中有各种各样的角色,我们要让它们活起来,首先要让其动起来。动得合理、自然、顺畅是我们要考虑的主要因素。

1.1.8　Maya 模块介绍——特效

在生活中我们可以见到一些因为天气变化而产生的雾、雨、风或者闪电等,可在动画的世界中也有些非自然的现象,如魔法、大型爆炸等。而这些都可以在软件中通过特效制作出来。

1.1.9　Maya 模块介绍——渲染

Maya 软件分为软件渲染和硬件渲染。大部分是通过软件来渲染,完成特效、动画、材质和灯光、模型的制作,渲染出帧序列或者成片。当完成渲染后,就可以将渲染出的影片呈现给观众。

1.2　Maya 的工作界面(图 1-5)

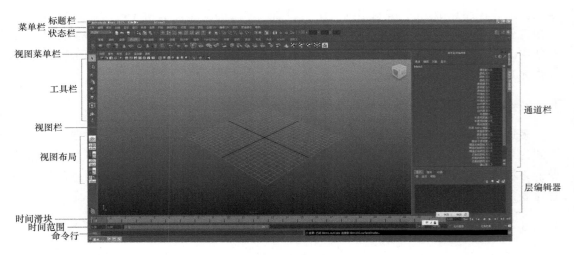

图 1-5　Maya 的工作界面

1.2.1　菜单栏(图 1-6)

图 1-6　菜单栏

当更改模块时,通用菜单是不会产生改变的。但是,模块菜单在跟着模块切换的过程中也随着改变。那什么是模块呢？它们在什么地方？

1.2.2 模块介绍

图 1-7 模块

图 1-7 中,依次是动画模块、多边形模块、曲面模块、动力学模块、渲染模块、N 动力学模块。

动画模块是用来制作动画绑定的;多边形模块是用来制作模型的;第三个模块是曲面模块,也就是曲面建模模块;第四个是动力学模块,主要是用来制作动力学解算;渲染模块这个模块很好理解;最后是 Maya2008 之后的新功能,是动力学模块的拓展模块。

1.2.3 状态栏(图 1-8)

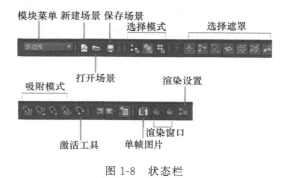

图 1-8 状态栏

1.2.4 工具栏(图 1-9)

图 1-9 工具栏

在这么多的工具中,最为重要的是移动物体命令、旋转物体命令和缩放物体命令。它们的快捷键分别是 W,E 和 R。

1.2.5　视图窗(图 1-10)

透视图

四视图

图 1-10　视图

　　我们可以通过切换透视图和四视图来观察物体在每个角度的变化。开启软件后,点击透视图和四视图的切换后,再次切换可以使用空格键。空格键是切换四视图和透视图之间的快捷键。

　　四视图分别是透视图、顶视图(Top)、前视图(Front)和侧视图(Side),如图 1-11 所示。

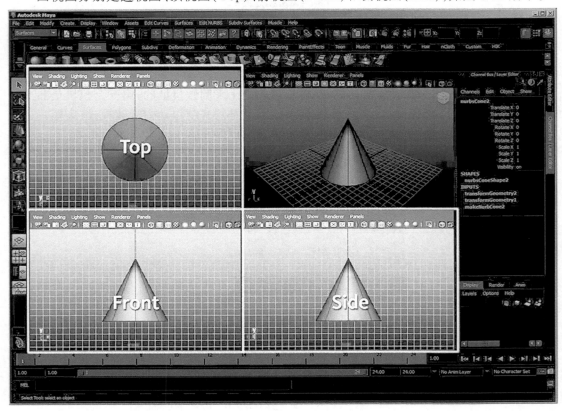

图 1-11　四视图

1.2.6　时间滑块和时间范围

　　时间滑块和时间范围在动画中用于控制帧,时间滑块中包括播放按钮和当前时间指示器,如图 1-12、图 1-13 所示。

播放按钮

时间滑条

图 1-12　时间滑块

开始时间

播放开始时间

终止时间

播放结束时间

自动关键帧按钮

动画参数按钮

图 1-13　时间范围

1.2.7　通道栏与层(图 1-14)

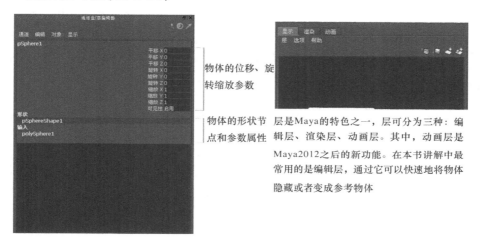

物体的位移、旋转缩放参数

物体的形状节点和参数属性

层是Maya的特色之一，层可分为三种：编辑层、渲染层、动画层。其中，动画层是Maya2012之后的新功能。在本书讲解中最常用的是编辑层，通过它可以快速地将物体隐藏或者变成参考物体

图 1-14　通道栏与层

1.2.8　视图操作和快捷键

Alt＋鼠标左键＝旋转视图；

Alt＋鼠标中键＝平移视图；

Alt＋鼠标右键＝推拉视图；

Ctrl＋鼠标左键＝剔除物体；

Shift＋鼠标左键＝加选物体。

在创作中，操作难免出错，这时候我们需要使用 Vtrl＋Z＝倒退

在 Maya 中需要用到很多的快捷键来提高工作效率，所有在以后的课程中我们逐步加以介绍。

第2章 静物制作

NURBS是一种非常优秀的建模方式,在高级三维软件当中都支持这种建模方式。NURBS能够比传统的网格建模方式更好地控制物体表面的曲线度,从而能够创建出更逼真、生动的造型。

NURBS是非均匀有理B样条曲线(Non-Uniform Rational B-Splines)的缩写,所以NURBS模型又叫B样条曲线模型。

NURBS由Versprille在其博士学位论文中提出,1991年,国际标准化组织(ISO)颁布的工业产品数据交换标准STEP中,把NURBS作为定义工业产品几何形状的唯一数学方法。1992年,国际标准化组织又将NURBS纳入到规定独立于设备的交互图形编程接口的国际标准PHIGS(程序员层次交互图形系统)中,作为PHIGS Plus的扩充部分。目前,Bezier,有理Bezier,均匀B样条和非均匀B样条都被统一到NURBS中。

【项目目标】

通过本章的学习,主要了解NURBS模型的制作过程。最后,根据课上所讲述的内容在课下独立完成其他模型的制作。

【实例介绍】

该静物是通过NURBS模型制作的,此场景特别适合零基础入门的学员。

【重点】

将模块切换到NURBS模块。

物体元素

控制顶点、等参线、壳的编辑。

曲面—旋转

旋转命令是NURBS模型中常见的命令之一,主要是通过曲线旋转的方式完成模型的制作。

曲面—放样

放样是NURBS模块中重要的制作命令。分为曲线和曲线放样,曲线和曲面放样,曲面和曲面放样三种方式。

编辑NURBS—曲面相交

曲面相交命令可以通过两个模型的相交得到相交后的曲线,以方便下一步的制作。

编辑NURBS—修剪工具

修剪工具可减去曲面多余形态,保留制作者想要保留的模型部分。

编辑—特殊复制

在特殊复制的拓展菜单中可以通过调节参数或者改变复制类型,得到更加具体和精确的复制方式。

编辑—按类型删除—历史

删除历史可以将之前使用过的命令记录删除。

【实例操作讲解】

下面通过图 2-1 的标识进行制作。

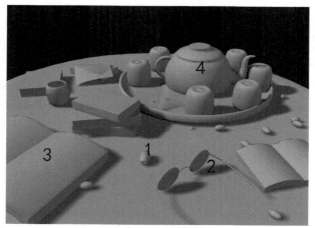

图 2-1　制作步骤图

2.1　枣

【步骤 1】在便捷工具菜单中选择曲面—NURBS 球体,如图 2-2 所示。

图 2-2　便捷工具条

(注意:在 Maya 软件中创建模型,常见方法有两种,根据上面的制作是一种。另外,也可以点击菜单栏中的 NURBS 基本体—球体,进行创建模型。)

在场景网格中,使用鼠标左键拖拽便可以创建出模型,如图 2-3 所示。

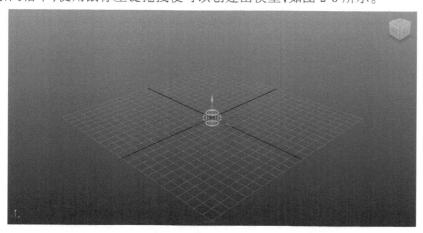

图 2-3　创建模型 1

使用界面认识中所学快捷键 Ctrl+鼠标右键拉近视图并使用鼠标左键选择模型,选择键盘中的 W 键显示出世界坐标,如图 2-4 所示。

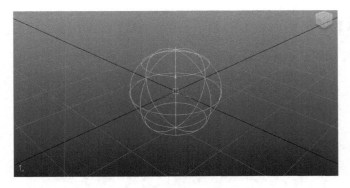

图 2-4　创建模型 2

（注意：在软件中使用快捷键之前不能开启大写键按钮。）

【步骤 2】这时的模型显示为线框模式，按键盘 5 键可以切换到实体模式，想变回线框模式可按 4 键。选择模型并使用鼠标右键可以看到模型中的元，如图 2-5 所示。

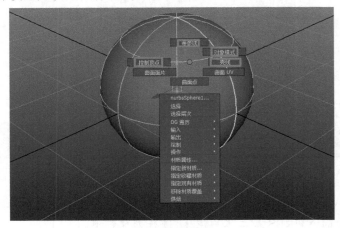

图 2-5　模型元素

【步骤 3】使用鼠标右键往左移动选择控制顶点元素，如图 2-6 所示。

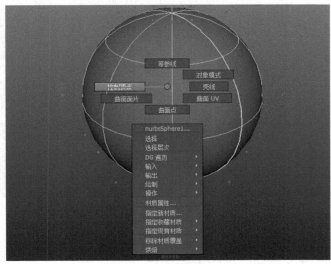

图 2-6　选择模型元素

此时模型是在点模式下,可以编辑物体表面上的顶点模型,使用缩放命令中 Y 轴向编辑模型,这样模型便发生了变形。以这种方式可以调整出枣的形态,如图 2-7 所示。

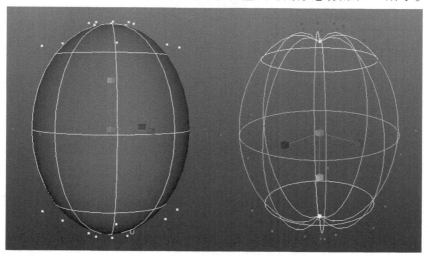

图 2-7　实体模型与线框模型下的元素

(注意:在使用缩放命令时,可以使用快捷键 R。)

很简单,做完枣的模型后可以将模型中的其他元素调整出来试着编辑。

2.2　眼镜

【步骤 1】眼镜分为 3 个部分,眼镜片、眼镜框和眼镜架。先看眼镜片,观察形态,圆形并且有厚度,如图 2-8 所示。

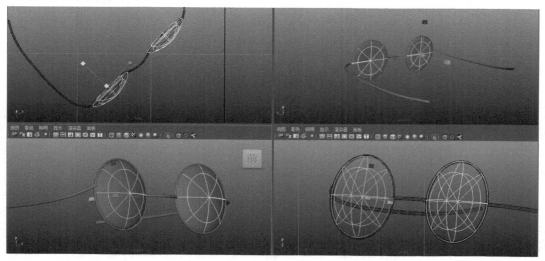

图 2-8　缩放

(注意:在制作模型时,首先要观察模型的形态,然后再进行制作。切勿拿起来就制作,这样可能会造成反复工作。初学者在进行制作时,往往是制作到一半发现形体发生了严重的错误,结果不得不返工重新制作。)

【步骤 2】选择 NURBS 球体将形体挤压得到镜片,如图 2-9 所示。

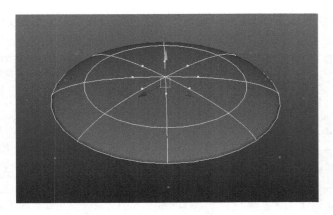

图 2-9　调节元素

【步骤3】眼镜框可以使用 NURBS 圆环得到，创建方式使用第 2 种方法创建。执行创建—NURBS 基本体—圆环。但刚刚创建出来的圆环看着是不是太粗了？如图 2-10 所示。

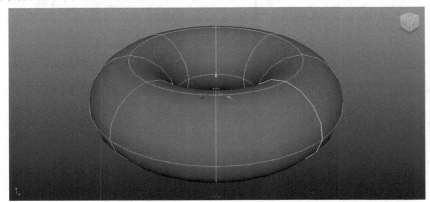

图 2-10　调节形状

（注意：创建模型体时，怎么样才能使模型创建在中心位置呢？可以执行菜单中 NURBS 基本体—交互式创建，将交互式创建的勾选去掉。）

在通道栏中调整高度比，将数值改小，如图 2-11 所示。

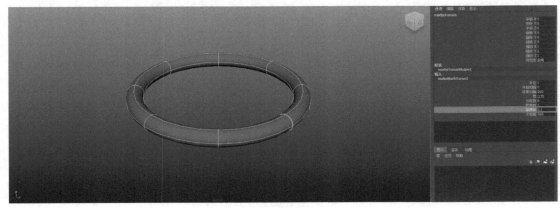

图 2-11　调节形状

调整参数后可以把镜片放在镜框中心，如图 2-12 所示。

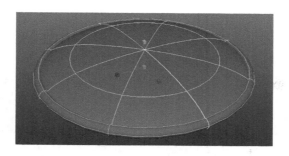

图 2-12　眼镜片调节

【步骤 4】剩下的镜架可以按照上面的思路进行制作。创建 NURBS 圆柱,调整圆柱形体元素—顶点便可以得到镜架的弯曲形态,如图 2-13 所示。

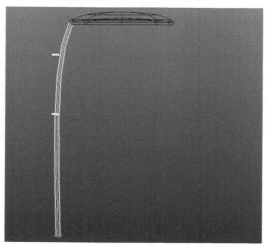

图 2-13　镜架元素

这时,模型已经完成了一半,将这些模型编辑完成后还原到对象模式,如图 2-14 所示。

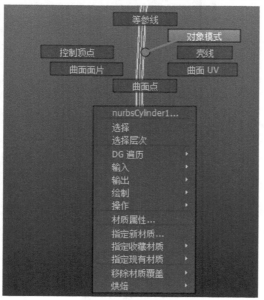

图 2-14　调节元素

（注意：对象模式可以使模型回到不用编辑的整体状态。）

选择所有的模型，可框选或者按 Shift 键点选模型，将模型全部选中后按 Ctrl＋G 键进行打组，并将坐标使用 Insert 键调整到眼镜中心位置，方便复制，如图 2-15 所示。

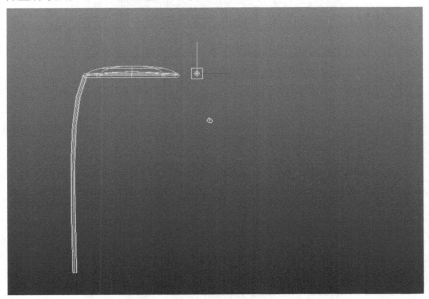

图 2-15 移动坐标

（注意：在 Maya 中选择模型有 2 种方式。第 1 种可以框选，用在选择所有的模型中。第 2 种是将单个或者多个模型进行选择，通常会选择按 Shift 键点选加选模型。）

【步骤5】执行编辑—特殊复制后的扩展框 特殊复制 Ctrl+Shift+D □ ，会弹出对话框。将缩放 X 轴向数值改为－1，点击应用，如图 2-16 所示。

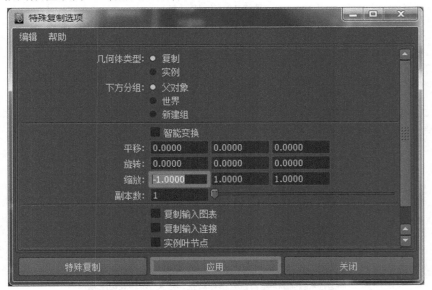

图 2-16 修改复制命令

视图中的眼镜模型便被复制出来，如图 2-17 所示。

【步骤6】特殊复制命令使用完成后，点击编辑—重置设置，将命令还原，如图 2-18 所示。

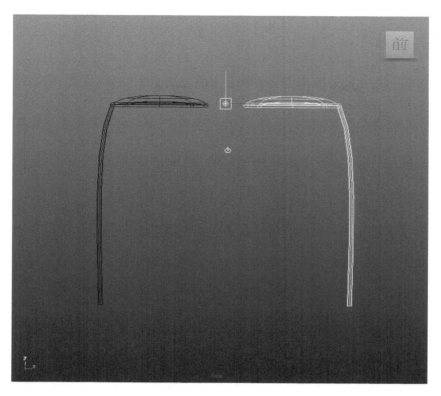

图 2-17 复制眼镜

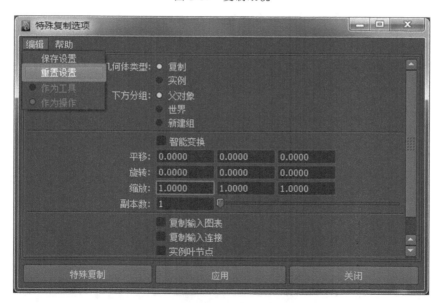

图 2-18 重置复制命令

在编辑完命令后一定记得要将命令还原,还原的目的是为了让下一次使用命令时不会使模型出错。

这样就将眼镜的模型制作完成了,眼镜中间的部分也可以使用圆柱变形得到。

2.3 翻开的书

仔细观察翻开的书的形态,通常在制作模型的过程中要用最快最简单的方式进行制作,这是为了节省时间,提高工作效率。

【步骤1】在快捷工具菜单中创建 NURBS 平面模型,并通过模型顶点元素调整平面模型形态,如图 2-19 所示。

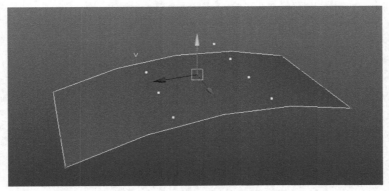

图 2-19　调节元素

在编辑元素顶点或者编辑其他元素的时候,经常会遇到平面上的线段不够,制作的模型效果形态并不理想。因此,需要在模型中加入更多的线。

【步骤2】鼠标右键选择等参线,如图 2-20 所示。

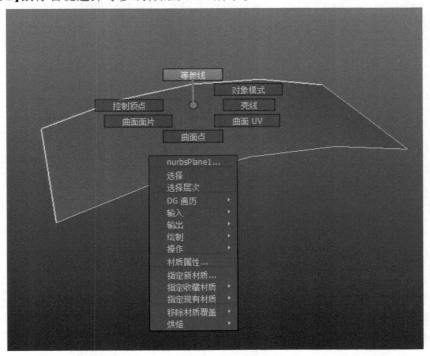

图 2-20　选择元素

(注意:等参线是制作 NURBS 中的线元素,但是这种线元素却无法进行编辑。)

在需要加线的位置用鼠标左键移动鼠标方式加入线段。加入横线时,点击模型上的横线;加入竖线时,点击模型上的竖线。在确定好线段的位置时,松开鼠标左键就可以完成加线了,如图 2-21 所示。

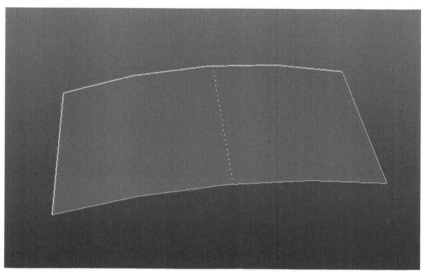

图 2-21　添加线 1

如果线段不够,可按住 Shift 键加入多条等参线,如图 2-22 所示。

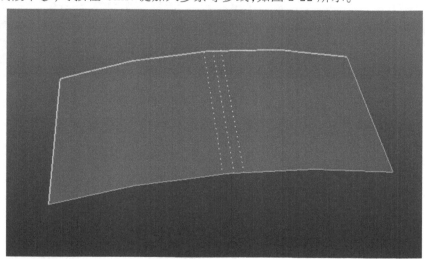

图 2-22　添加线 2

(注意:按住 Shift 键加入多条等参线是需要在加入一条线段位置后,再按住 Shift 键加入其他的线段。)

【步骤 3】找到菜单编辑 NURBS—插入等参线命令并执行。这时,线段就添加完成了,如图 2-23 所示。

【步骤 4】调整顶点元素,主要是通过移动命令中的 Y 轴向进行调整,如图 2-24 所示。

已经有了书的基本形体。我们可以使用 Ctrl＋D 键复制命令将书的另外一层复制出来,如图 2-25 所示。

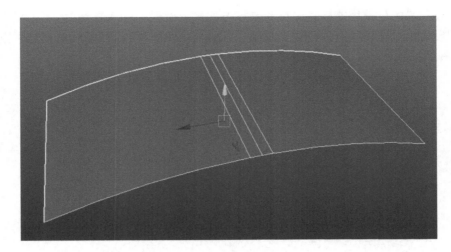

图 2-23　添加线

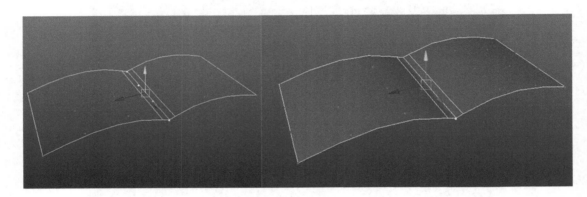

图 2-24　调节元素

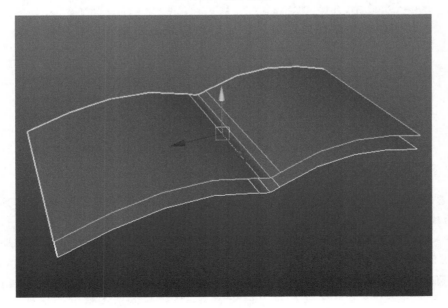

图 2-25　复制

（注意：Ctrl＋D键复制命令是简单的单个复制命令，而之前所学的另外一种复制是特殊复制，它可以复制镜像物体或者关联复制。）

书本的形态基本确定，但书本厚度还需要补充，使用放样命令完成厚度的制作。

【步骤5】鼠标右键选择两个模型中的要放样的等参线，如图2-26所示。

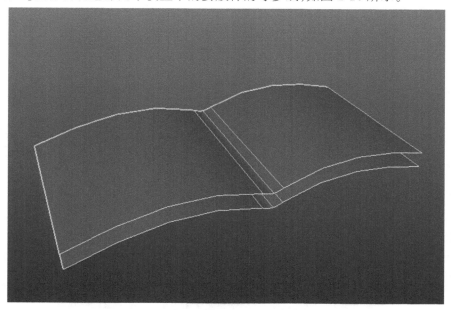

图2-26　选择元素

执行曲面—放样命令，如图2-27所示。

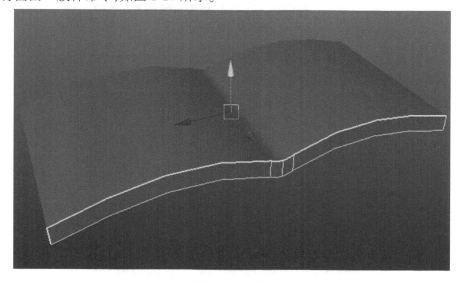

图2-27　放样

（注意：放样命令可以面和面，面与线，线与线三种放样方式，当前所看到的是面与面之间通过等参线之间进行放样。在面与线、线与线的放样中，需要找到相对应的线段才能够进行放样。因此，本节中可以先了解放样的其中一种方式。）

其他面上的厚度也应该使用这种方式完成它。

2.4　茶壶

【步骤1】首先需要做出茶壶壶体和茶壶盖以及把手。切换到四视图，到侧视图执行创建—CV曲线命令，如图2-28所示。

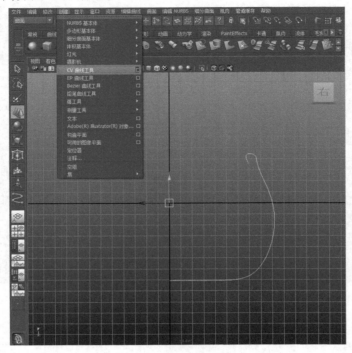

图 2-28　CV工具

（注意：四视图和单个视图的切换可以使用键盘中的空格键作为快捷键。）

选择完命令后在视图中绘画出茶壶身体的一半，如图2-29所示。

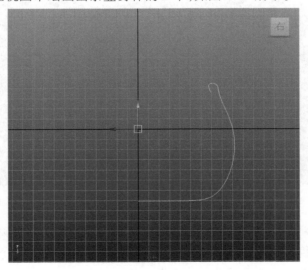

图 2-29　制作曲线

观察这时的坐标位置,选择曲线,执行曲面—旋转命令,如图 2-30 所示。

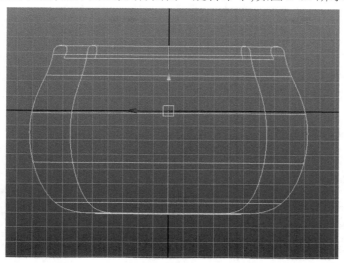

图 2-30　旋转

(注意:可以将坐标移动到别的位置中进行制作,看看会出现什么问题。但制作的结果肯定是不理想的,制作的模型将会出现扭曲。扭曲的原因是因为没有确定好所要制作模型的中心位置所导致的。所以,在执行旋转命令时,应将坐标放在要旋转模型线的中心位置。)

【步骤 2】如果这时对模型不满意还可以通过之前的曲线对模型进行调整,如图 2-31 所示。

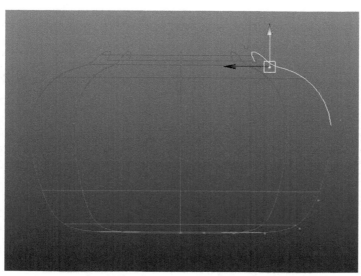

图 2-31　调节元素

(注意:在选择模型和曲线的时候,很多人会将这两个节点都选择上。有没有更好的方法呢?可以选择菜单栏下的状态栏中的面遮罩工具▦,这样就只能选择场景内的线段了。但使用完成后应将面遮罩工具还原。)

调整完成后可以删除掉曲线,在软件中删除模型或者节点可通过 Delete 键进行删除。按照上面的方法,可以做出茶壶盖的模型,如图 2-32 所示。

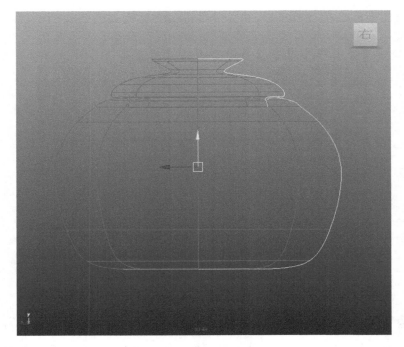

图 2-32　壶盖制作

【步骤 3】接下来制作壶嘴部分,可以使用放样命令,在便捷工具菜单中选择曲线—圆环图标,将圆环摆放成壶嘴的形状,如图 2-33 所示。

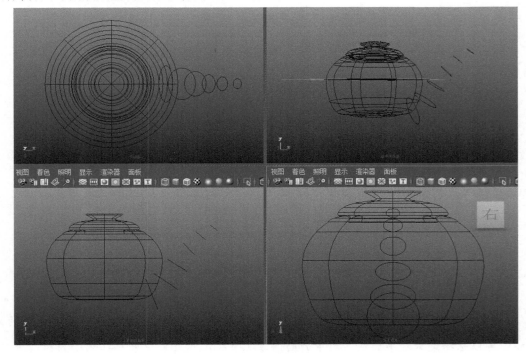

图 2-33　壶嘴制作

(注意:在制作壶嘴的过程中大家不难理解,这样是使用线与线之间进行放样的方式。)

【步骤4】摆放完成后选择圆环,执行曲面—放样命令,如图2-34所示。

图2-34 壶嘴放样

(**注意:要依次选择圆环。**)

能够看到,壶嘴的形态并不美观。在对曲线没有删除历史的情况下可以对曲线进行调整,调整曲线就等于调整了曲面形态,如图2-35所示。

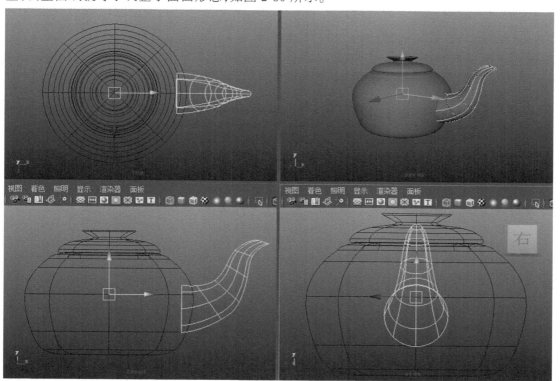

图2-35 壶嘴调节

这时,曲线还在表面上。但如果不需要曲线删除掉的话,模型的形态也会发生改变。选择曲线和壶嘴模型,执行编辑—按类型删除—历史命令,再删除曲线模型就不会发生改变了。

调整好形体后并没有完成壶嘴的制作,还需要对茶壶的壶体和壶嘴连接部分做处理,使它们穿插的部分剪切掉。

【步骤5】选择茶壶壶体和壶嘴,如图2-36所示。

图2-36　相交

执行编辑NURBS—曲面相交,如图2-37所示。

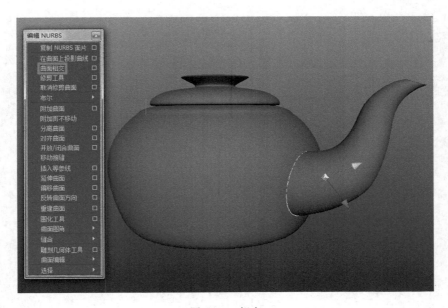

图2-37　相交

选择茶壶壶体,执行编辑NURBS—修剪工具,如图2-38所示。

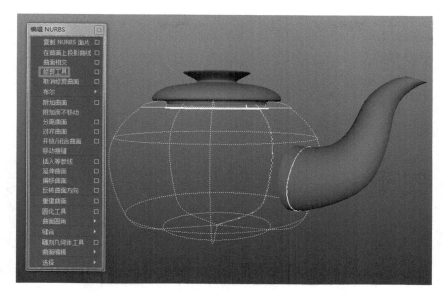

图 2-38　剪切壶 1

（注意：将虚线部分也就是要保留的部分点击成为实线，然后再点击确定。）

用鼠标左键点击要保留的部分，按键盘回车确定保留部分，如图 2-39 所示。

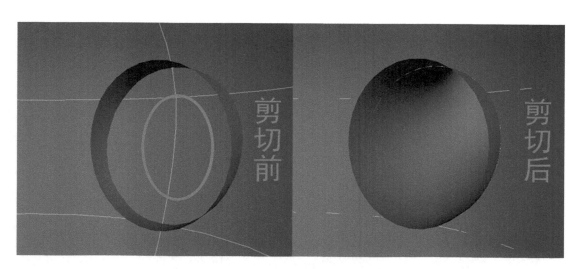

图 2-39　剪切壶 2

按同样的方式将壶嘴的多余部分剪切掉，如图 2-40 所示。

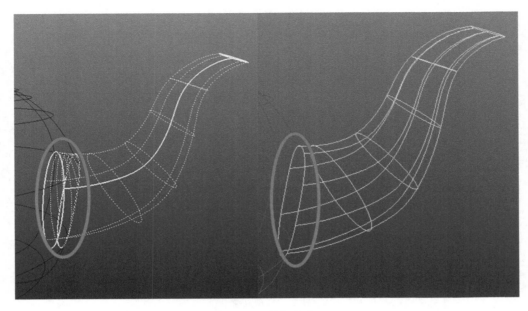

图 2-40　剪切壶嘴

【步骤6】茶壶把手相对茶壶的其他部分而言相对简单,可以选择创建一个 NURBS 圆环,并将圆环的开启扫描和高度比都根据需要更改参数,如图 2-41 所示。

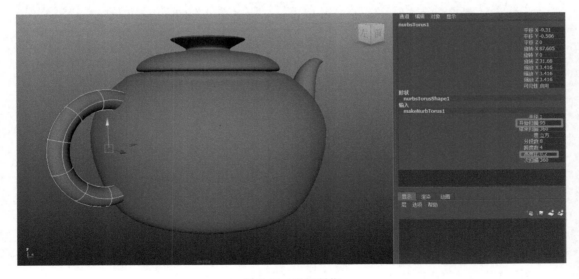

图 2-41　壶把制作

最后,将茶壶把手和茶壶壶体的多余部分使用修剪工具剪切掉,方法和壶嘴与茶壶壶体剪切方法一样。最终效果如图 2-42 所示。

图 2-42　完成图

项目小结

　　本章主要是对界面和曲面的基本命令作了大概的介绍以及熟悉 NURBS 模型的操作。在制作中,大家可能会认为制作茶壶的过程在本章中比较难,难免会出现手忙脚乱,不知如何制作的情况。但学习软件会有一个逐渐熟练的过程,只要能不断练习,在逐渐熟悉制作过程后,会变得更加熟练。在本章中需牢记之前在界面认识中所提到的快捷键。

练习

　　将其他的静物模型做完,可参照 Maya 文件夹下第 2 章文件夹中 first_class. mb 文件。

第3章 长号制作

长号模型也是通过 NURBS 模型来进行制作的,本章主要是通过对长号构造的了解来进一步熟悉 NURBS 模型的制作流程。

【项目目标】

通过本章的学习,主要熟悉 NURBS 模型的制作过程以及制作思路。Maya 中的三种建模方式,其中 NURBS 和 Polygon 两种建模方式最为常用,而这两种建模方式思路有所不同。因此,在本章中我们需要进一步熟悉 NURBS 模型的制作过程以及制作思路,从而达到独立完成的目的。

【实例介绍】

本章案例通过 NURBS 模型制作长号,适合刚入门的学员进行学习。

【重点】

将模块切换到 NURBS 模块。

物体元素

控制顶点、等参线、壳的编辑。

曲面—旋转

旋转命令是 NURBS 模型中常见的命令之一,主要是通过曲线旋转的方式完成模型的制作。

(注意:在旋转的过程中可打开旋转命令后的扩展对话框,注意轴预设的方向。根据自己所创建的视图不同而更改轴预设的方向,如图 3-1 所示。)

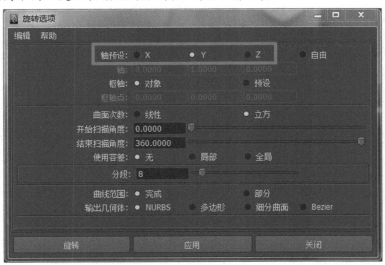

图 3-1 旋转选项

曲面—挤出

此命令是通过路径来进行控制曲面形体的。

曲面—平面

平面命令可以使在同一水平上的曲线点形成模型。

创建—CV曲线工具

通过此命令可以创建出CV曲线。

窗口—渲染编辑器—Hypershade

此命令是编辑材质的窗口。

【实例操作讲解】

下面通过图3-2的标识进行制作。

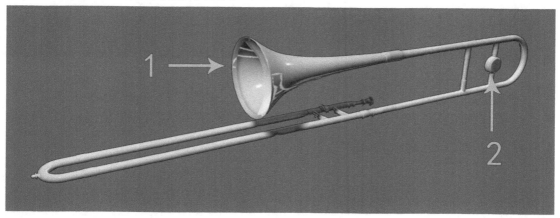

图3-2　制作步骤图

3.1　长号基本形态

【步骤1】在场景中执行创建—CV曲线工具,当鼠标呈"＋"字形显示时,就可以进行绘制曲线了。需要注意的是长号的形态,应按照长号的基本形态进行绘制,如图3-3所示。

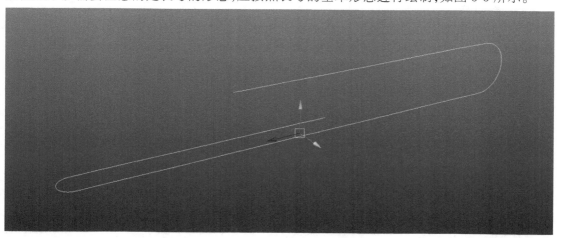

图3-3　绘画曲线

（注意:在画线的时候应注意点与点的距离,不能太大或者太小,应平均。在重要的转折位置中应加入多些点来进行控制。绘制长号曲线的时候,应在多个视图进行绘制,因为长号曲线并不是朝向一个方向。多视图进行绘制可以提高制作效率。)

【步骤2】绘制完成后,在场景中创建一个圆环,放在靠近曲线的位置,如图3-4所示。

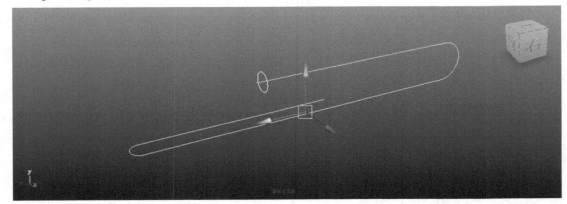

图3-4 创建圆环

【步骤3】选择圆环加选路径,执行曲面—挤出命令,注意下面的效果,如图3-5所示。

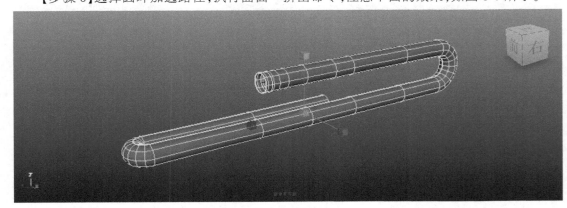

图3-5 挤出

【步骤4】当形体不满意时,可以对圆环进行缩放。在 NURBS 中,只要通过曲线成型的曲面在没有删除历史记录的情况下,都可以对曲线进行修改达到修改模型的目的。修改如图3-6所示。

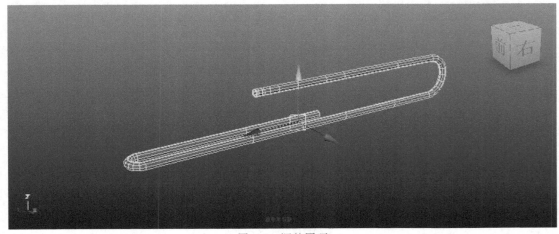

图3-6 调整圆环

【步骤5】对模型元素中的壳线进行调整,调整出长号的喇叭部分。用鼠标右键将 NURBS 模型中的壳元素选中,如图 3-7 所示。

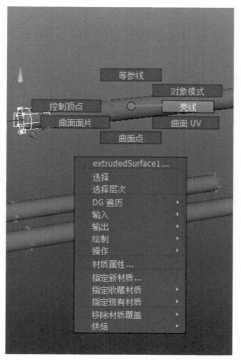

图 3-7　调节元素

将要做喇叭位置的壳线选中并进行缩放,如图 3-8 所示。

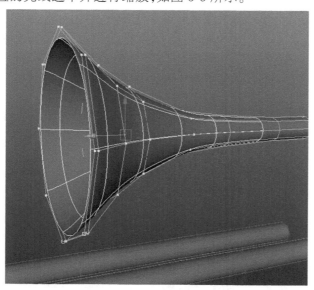

图 3-8　调节喇叭口

（注意:NURBS 中有线元素,名称为参数线。此线段只对线进行命令,却不能单独进行编辑。因此,在 NURBS 中想要编辑像一圈线的元素需要借助元素"壳"。在对壳编辑下,只能对壳的横向一圈或者竖向一圈进行编辑。）

【步骤6】制作出喇叭的基本形状之后,仔细观察喇叭部分,发现太薄。所以要用壳线把薄的部分遮盖下,如图3-9所示。

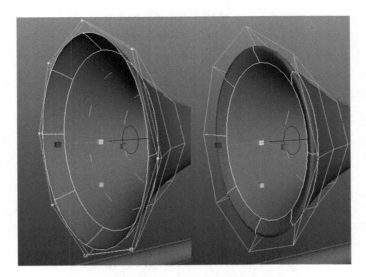

图3-9 喇叭口厚度

这样制作的目的是为了让模型能够更加真实。制作完成后,长号的基本形态就完成了,接下来就加入细节。

3.2 长号细节

图3-10中的模型就是通过放样和平面命令制作的。

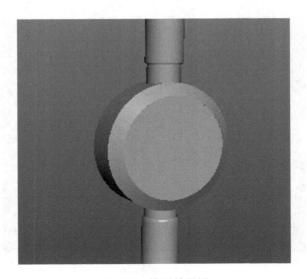

图3-10 模型效果图

【步骤1】首先,创建NURBS圆柱并将其缩小,如图3-11所示。
【步骤2】创建圆环,将圆环放置在圆环上、下两个位置上,如图3-12所示。

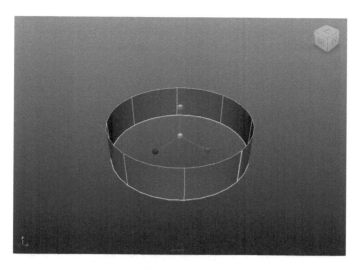

图 3-11　圆柱

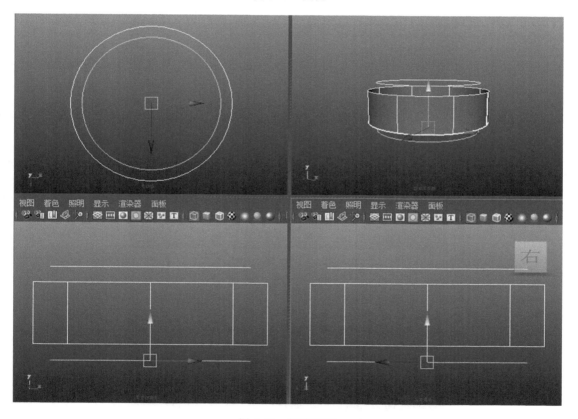

图 3-12　摆放圆环

【步骤 3】选择模型的等参线元素并选择要放样的等参线加选曲线,如图 3-13 所示。

在模型成型之后可能会发现模型在通过放样之后产生了扭曲效果,如图 3-14 所示。

这是由于曲线和曲面之间的 UV 方向不同所造成的。解决的方法很简单,将圆环的位置使用旋转工具转动就会回复成正常状态,如图 3-15 所示。

【步骤 4】执行曲面—放样命令后,对下面的圆环也重复这样的操作,最终得到如图 3-16效果。

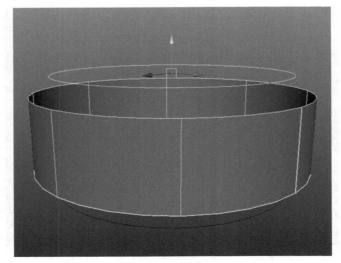

图 3-13　放样

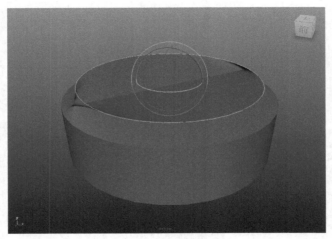

图 3-14　放样出错

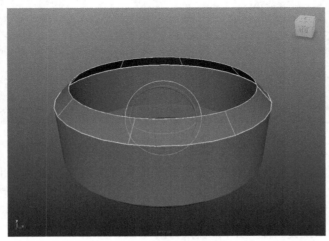

图 3-15　放样正确

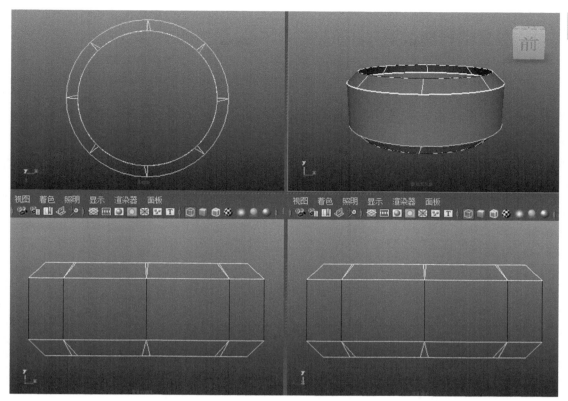

图 3-16　放样

【步骤5】上面和下面还没有封口,选择圆环执行曲面—平面命令,如图 3-17 所示。

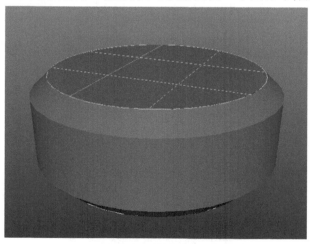

图 3-17　平面命令

(注意:使用平面命令时,要使圆环上的点都在同一个水平上。点不在同一个面上,便成不了面。)

【步骤6】将模型和曲线都选中,执行编辑—按类型删除—历史,然后将曲线删除。对模型执行 Ctrl＋G 键打组命令,方便整体移动旋转或者缩放。

(注意:很多人在使用完成打组命令后会遇到这样的问题,再次选择时组不会被选中。可以打开窗口—大纲视图中进行选择。)

3.3 材质编辑窗口 Hypershade

在编辑材质中大部分的时间,是要在窗口—渲染编辑器—Hypershade 中进行操作。打开命令后,会弹出对话框窗口,如图 3-18 所示。

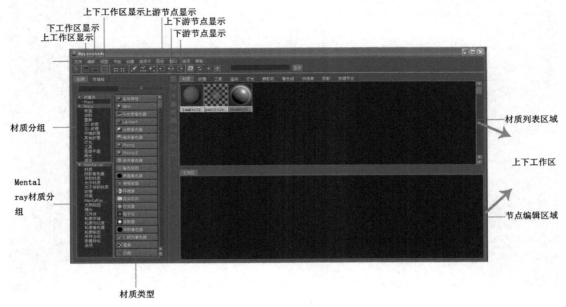

图 3-18 材质编辑窗口名称

在材质编辑器里,第一步要做的就是选择材质球,在材质类型里选择所需要的材质球,如图 3-19 所示。

图 3-19 材质球编辑窗口

如果不看名字,只看材质球。它们大致分为两类,一类是带有高光的,另一类是不带有高光的。那么,可以根据所制作的模型材质选择所需要的材质球。在创建新的材质球时,需要把鼠标放在想要创建的材质球上点击鼠标左键。这时候,会在节点工作区和材质列表区里出现刚刚创建的材质。例如:创建一个布林(Blinn)材质球,如图 3-20 所示。

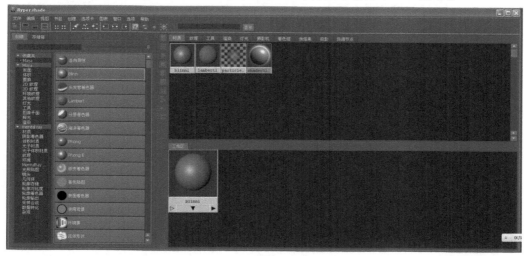

图 3-20　选择材质

在材质球列表区域可以使用 Alt+鼠标右键左右拖拽使材质球放大或者缩小。在节点编辑区也是同样,可使用 Alt+鼠标中键使节点编辑区内的材质球产生位移。

3.4　赋予模型材质

将刚刚选择出的 Blinn 材质球更改颜色和高光,用鼠标左键双击材质球,在通道栏中会有材质球属性,如图 3-21 所示。

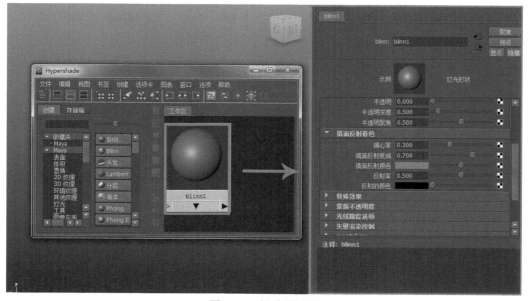

图 3-21　材质属性图

【步骤 1】将 Blinn 材质球做如下更改,如图 3-22 所示。

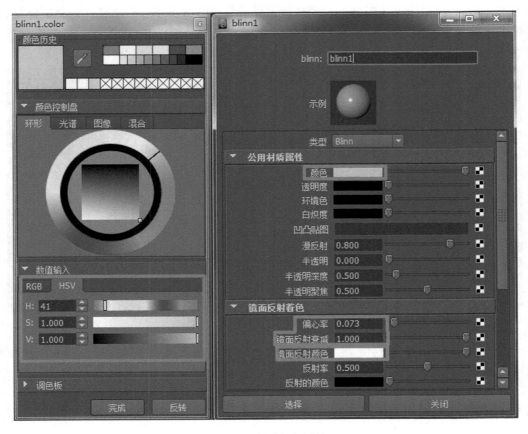

图 3-22　材质颜色属性

【步骤 2】选中场景中的模型,然后在节点编辑区内将鼠标放在材质球上,点击鼠标右键,如图 3-23 所示。

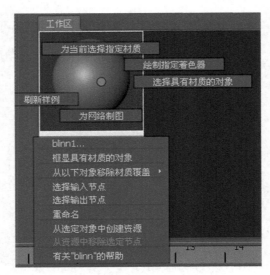

图 3-23　指定材质

【步骤3】然后,选择为当前选择指定材质。这时,如果在透视图中物体还是没有太大的变化,可以按键盘6,显示材质。

3.5 材质基本属性

在材质球列表区或者节点编辑区内双击材质球,在通道栏里会有材质球的所有属性,如图3-24、图3-25所示。

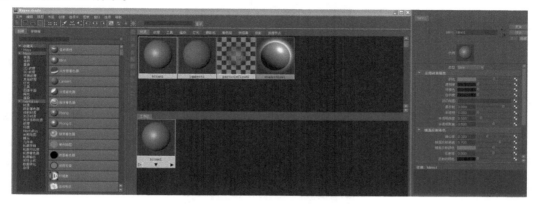

图 3-24　材质属性 1

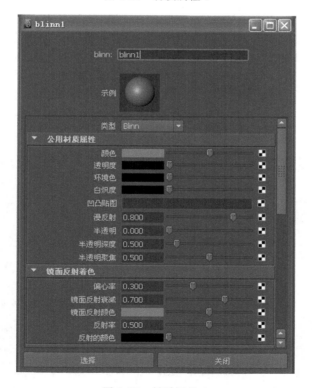

图 3-25　材质属性 2

可以对材质球属性进行颜色、透明度、环境色等的调节来达到我们想要的材质。另外,也可以通过改变镜面反射着色属性栏里的所有命令进行调节材质的高光。总之,这些操作都是可以随着想要的形态进行随意调节的。另外,如果想要改变材质球的颜色,可以双击颜色后面的色条。这时,会弹出颜色框,如图 3-26 所示。

图 3-26　颜色属性

在色轮中调节想要的颜色或者在 RGB 选项中输入需要的数值,如图 3-27 所示。

图 3-27　色条

调节好颜色之后如果操作没有错误,会在透视图中看到模型也变成了红色,如图 3-28 所示。

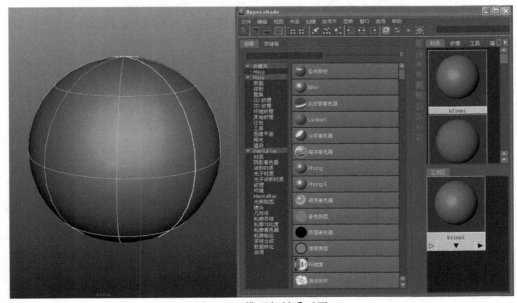

图 3-28　模型与材质对照

如果在节点编辑区中新建的材质球不见了,那么需要在材质球列表区里选择材质球,用鼠标中键拖拽到节点编辑区内。另外,材质球列表区和节点编辑区也叫作上、下工作区。可以单独显示,点击上工作区域或者下工作区域进行切换。

在做完模型,将模型赋予材质之后,接下来应为场景选定好的位置进行渲染。因为是模型作品,所有多半是静帧作品。所以,我们需要找到好的位置对模型进行渲染。

3.6 渲染

【步骤1】渲染前可以先在透视图中选好要渲染的位置,然后点击渲染按钮,如图 3-29 所示。

图 3-29　渲染按钮

点击渲染后,会发现长号的模型上没有出现反射效果,如图 3-30 所示。

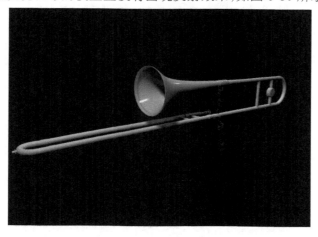

图 3-30　长号渲染图

但我们知道,长号为金属物体,它通过周围的环境可以形成反射。下面要制作长号的反射效果,使它看上去更加的真实。

【步骤2】在渲染设置中设置它的光线追踪。选择渲染设置,如图 3-31 所示。

图 3-31　渲染属性按钮

【步骤3】在 Maya 软件栏中勾选光线追踪,如图 3-32 所示。再次渲染就可以得到想要的效果了。

这样,模型就有了反射效果,如图 3-33 所示。

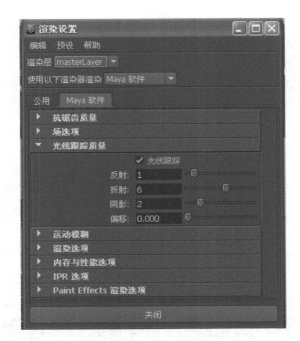

图 3-32　渲染属性

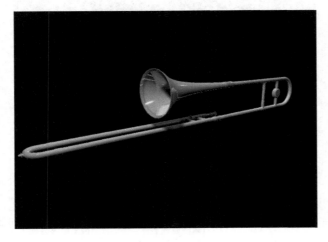

图 3-33　完成图

项目小结

本章中主要是对曲面模型制作和制作思路作了介绍,并同时熟悉了材质的基本调节方法。在本章的最后有很多关于材质的基本讲解,如果想做出更好的艺术作品还需要注意学习观察材质的特点,让其在 Maya 软件中得到更加真实的效果。

练习

完成长号模型其他零件的制作,做完后可参照 Maya 文件夹下第 3 章文件夹中 trombone. mb 文件。

第 4 章　音箱制作

NURBS 模型制作应用广泛,主要是应用在工业模型中。而本章通过 NURBS 模型制作音箱,可以让我们熟悉工业建模的基本工作流程。另外,也可以让我们进一步掌握之前所使用过的模型命令。

【项目目标】

通过本章的学习主要掌握 NURBS 模型的制作思路,熟悉和掌握所讲解的命令。同时复习前面章节中所用到的所有命令,最终达到独立完成作品并能创作作品。

【实例介绍】

本章案例继续学习用 NURBS 模型制作模型,适合有些基础但还比较薄弱的学员。

【重点】

将模块切换到 NURBS 模块。

物体元素

控制顶点、等参线、壳的编辑。

曲面—放样

放样是 NURBS 模块中重要的制作命令。分为曲线和曲线放样,曲线和曲面放样,曲面和曲面放样三种方式。

编辑 NURBS—在曲面上投影曲线

投影曲线命令通常是将创建好的闭合曲线通过该命令投射到曲面上。

编辑 NURBS—曲面相交

曲面相交命令可以通过两个模型,相交得到曲面可以进行剪切。

编辑 NURBS—修剪工具

修剪工具可减去曲面多余形态,保留制作者想要保留的模型部分。

编辑—特殊复制

在特殊复制的拓展菜单中,可以通过调节参数或者改变复制类型,得到更加具体和精确的复制方式。

编辑—按类型删除—历史

删除历史可以将之前使用过的命令记录删除。

曲面—平面

平面命令可以使在同一水平上的曲线点形成模型。

曲面—挤出

此命令是通过路径来进行控制曲面形体的。

编辑—分组

可以使单个模型或者模型成为组员关系。

修改—居中枢轴

可以使坐标回到物体的中心位置。

编辑曲线—复制曲面曲线

可以复制曲面上的曲线,选择剪切线或者等参线的位置执行命令。

创建—灯光—聚光灯

可以创建出聚光灯。

创建—摄像机

可以创建出摄像机。

编辑曲线—插入结

可通过此命令为曲线加入点。

创建—CV 曲线工具

可以创建出 CV 曲线。

文件—项目窗口

成功安装 Maya 之后,在 C 盘会有 Maya 的默认工程目录,如图 4-1 所示。Maya 拥有非常完善的工程管理概念,方便制作和生产大型的动画作品。

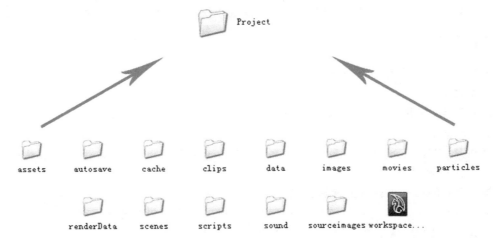

图 4-1　工程文件展开图

Project 为工程目录,在这个目录下有管理输出和导入所有的素材和文件。例如:在 scenes 里可以存放 Maya 源文件,在 sourceimages 里可以存放制作好的贴图。更重要的是,我们无论将产品流程带到哪个部门,只需要将 Project 拷贝过去,之前的信息都会保存在里面。这是其他软件所没有的。

执行文件—项目窗口命令后出现 New project(项目窗口)面板,如图 4-2 所示。

文件—设置项目

可以为当前的 Maya 文件指定已经创建的工程目录。

【实例操作讲解】

下面通过图 4-3 的标识进行制作。

4.1　音箱外形

【步骤1】在视图中创建一个 NURBS 球体模型,并将模型沿着 Z 轴旋转 90°,如图 4-4 所示。

【步骤2】将模型使用 Z 轴线进行缩放,缩放成音箱外形部分的形态,如图 4-5 所示。

工程数据路径，如场景、图像、声音、影片、脚本。

数据转换，输出OBJ、DXF模型数据，或者将图片烘培成贴图。

图 4-2　工程文件创建

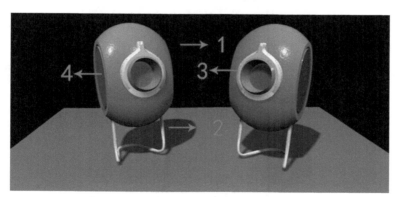

图 4-3　制作步骤图

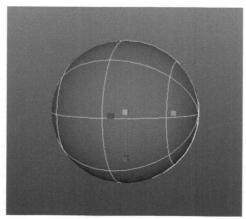

图 4-4　创建模型

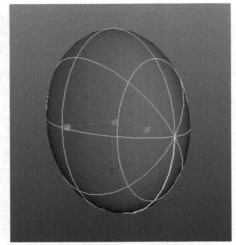

图 4-5　挤压模型

4.2　音箱支撑架

【步骤1】在视图中使用 CV 曲线工具创建支架路径,如图 4-6 所示。

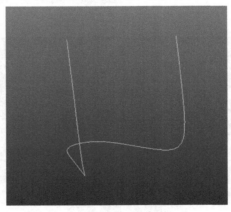

图 4-6　创建曲线

【步骤2】这个例子和第 3 章中长号的制作非常相像。然后再创建圆环,放置在这条路径中,如图 4-7 所示。

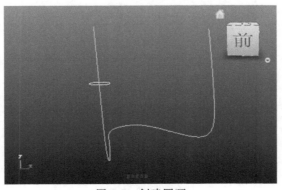

图 4-7　创建圆环

【步骤3】选择圆环加选路径执行曲面—挤出,得到的效果完全变形,如图4-8所示。

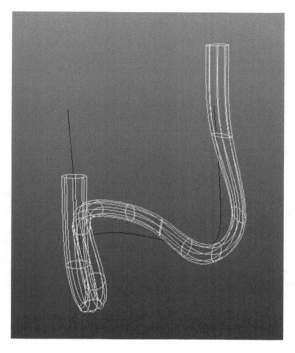

图4-8　挤压错误

【步骤4】退回到没有挤出的状态。

在第2章中,如果遇到了同样的问题,应该将挤出命令后面的拓展命令栏有个类似方格的图标点击打开。这是此命令的扩展框。选择在路径处和组件两个命令,如图4-9所示。

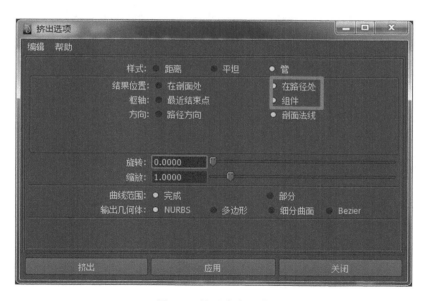

图4-9　挤压命令调节

【步骤5】重新选择路径和圆环执行曲面—挤出命令。这样,就可以得到正常的模型了,如图 4-10 所示。

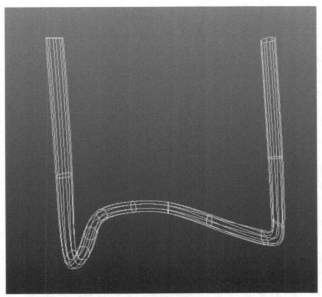

图 4-10　挤压正确

4.3　音箱中心部分

【步骤1】音箱中心部分主要是通过圆环映射来完成的。因此,应先创建圆环,并对圆环形体进行调整,如图 4-11 所示。

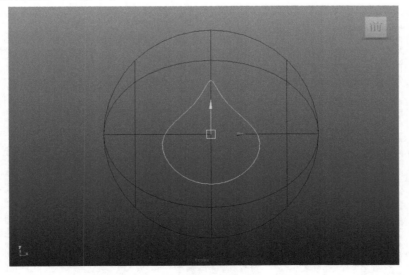

图 4-11　创建圆环

【步骤2】形体并没有我们想得到的那样,因为圆环上的点不够,所以应该对圆环进行加点。选择曲线,鼠标右键点击曲线点,在需要加点的位置使用鼠标左键加入即可。如果加入多个点,则在加入第 1 个点后按住 Shift 键加入更多的点,如图 4-12 所示。

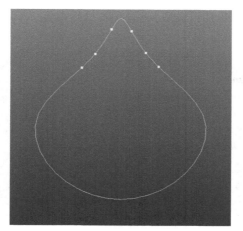

图 4-12　添加点

【步骤 3】加入点的位置后,执行编辑曲线—插入结命令,再次观察曲线上的点,如图 4-13 所示。

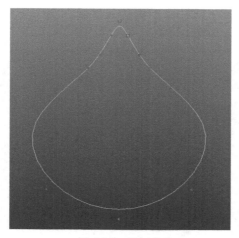

图 4-13　添加点

【步骤 4】调整点的位置,最终效果如图 4-14 所示。

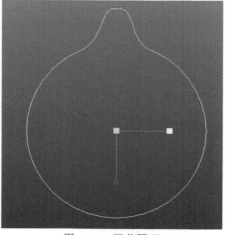

图 4-14　调节圆环

【步骤5】选择曲线并加选音箱模型,在前视图执行编辑 NURBS—在曲面上投射曲线命令,如图 4-15 所示。

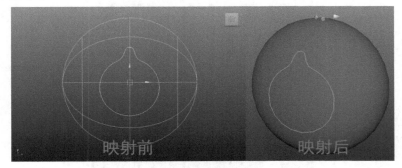

图 4-15　映射

映射时是双面映射,所以模型背面所映射到的曲面需要进行删除。

(注意:当模型上的线不好选择时,可以使用状态栏中的遮罩命令,将面进行遮罩。用完命令后,一定要还原。)

【步骤6】对当前的模型使用 Ctrl+D 键进行复制。这样做的目的是为了以曲线为分界线的两个面单独进行保留,如图 4-16 所示。

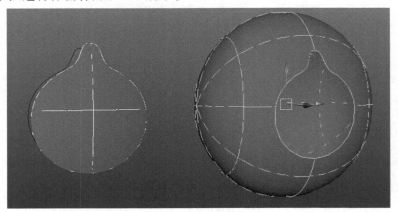

图 4-16　复制

【步骤7】选择映射好的模型,执行编辑 NURBS—修剪工具,得到图 4-17 所示模型。

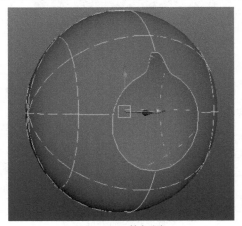

图 4-17　剪切图

（注意：在对当前的模型执行完修剪命令后，应选择两个模型和曲线执行编辑—按类型删除—历史命令。这样做的目的是为了让模型在移动或者做之后的命令不再受到影响。）

【步骤8】在前视图选择中间位置的模型进行映射，如图4-18所示。

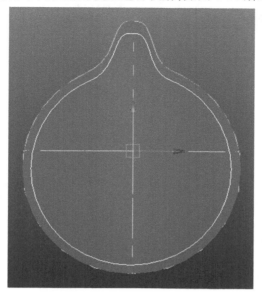

图4-18　创建曲线

（注意：要在前视图进行映射，这也要根据模型的方向，要让曲线对着模型完整的面。因为选择映射视图时，应选择最准确的视图进行映射。如果在透视图里进行映射，映射的方向很有可能产生误差。）

【步骤9】执行编辑NURBS—在曲面上投射曲线，并对投射好的面执行修剪工具。以下几步依然是同样的操作。最终得到的效果，如图4-19所示。

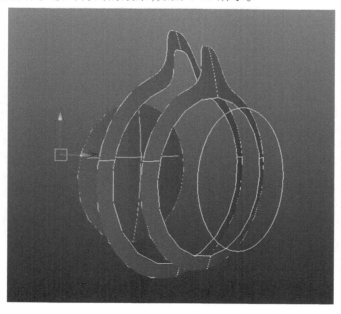

图4-19　剪切效果

【步骤10】将这些模型使用曲面—放样命令连接起来,如图4-20所示。

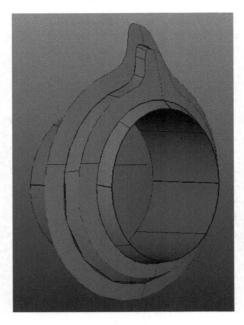

图 4-20　放样 1

(注意:被剪切后的模型会在鼠标右键元素选择下会出现修剪边的元素。因此,在对剪切过的模型进行放样时,应选择剪切边元素和另外的物体进行放样。)

【步骤11】最后,需要让中间做好的模型和音箱外形的模型结合起来。同样使用放样命令完成,效果如图4-21所示。

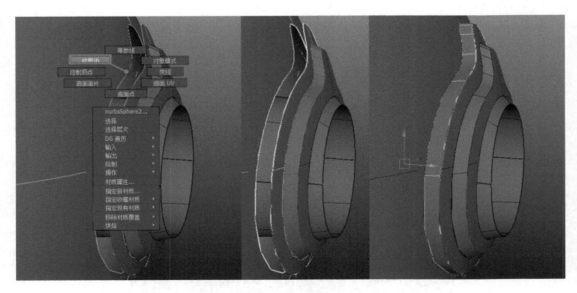

图 4-21　放样 2

4.4 音箱两侧

【步骤1】将直线放置在音箱两侧,如图 4-22 所示。

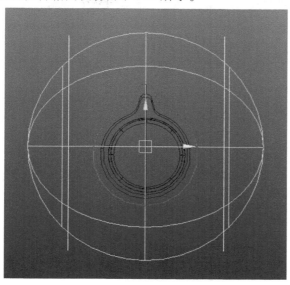

图 4-22　直线

（注意:使用 CV 工具绘制两条直线,按住 Shift 键可以创建直线。）

【步骤2】选择两条直线加选模型执行编辑 NURBS—在曲面上投射曲线。在模型上得到直线映射的曲线,如图 4-23 所示。

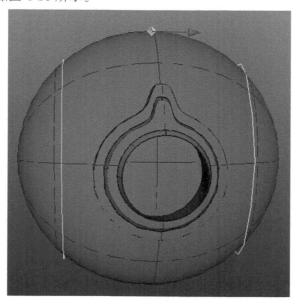

图 4-23　直线映射

【步骤3】选择模型对模型执行修剪工具。点击要保留的部分,按回车键确定,得到图 4-24。

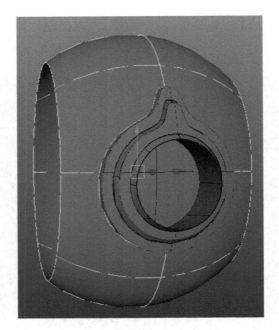

图 4-24　剪切

【步骤 4】两侧的位置主要通过放样来完成,因此,还需要一条曲线。选择模型并选择模型的修剪边元素,执行编辑曲线—复制曲面曲线,并将复制出的曲线缩小,如图 4-25 所示。

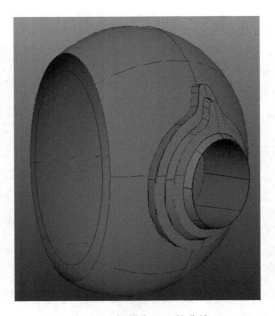

图 4-25　复制曲面上的曲线

【步骤 5】对圆环进行复制,复制的个数如图 4-26 所示。

【步骤 6】对圆环依次进行放样,如图 4-27 所示。

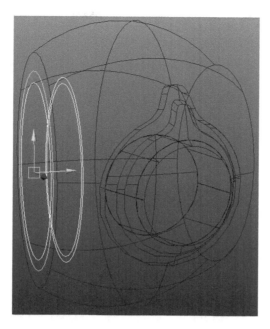

图 4-26　复制曲线

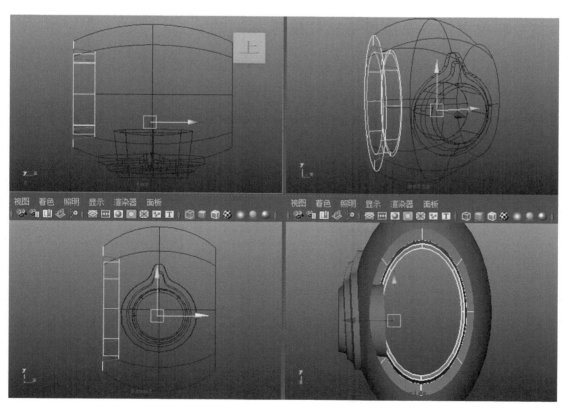

图 4-27　放样四视图

【步骤7】选择最外侧的曲线执行曲面—平面命令,右侧制作方法和左侧完全一样,最终效果如图4-28所示。

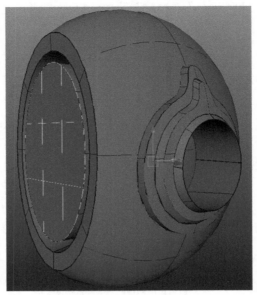

图4-28　平面命令

4.5　创建摄像机及摄像机摆放技巧

【步骤1】执行创建—摄像机—摄像机,如图4-29所示。

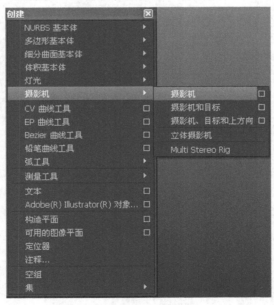

图4-29　创建摄像机

【步骤2】创建完成后,在场景内会看到一台摄像机,然后将摄像机摆放在合适的位置。我们可以移动它、旋转它,但却看不到需要摆放在场景的实际位置。如果能进入到摄像机内部去观察,可以提高工作效率。选中摄像机,然后选择视图窗命令栏下面板—沿选定对象查看命令,如图 4-30 所示。

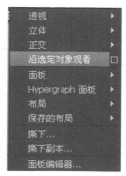

图 4-30　沿选定对象观看

【步骤 3】当对摄像机摆放的位置确定后,需要跳出摄像机角度。按住空格键点击 Maya 选择透视图,如图 4-31 所示。

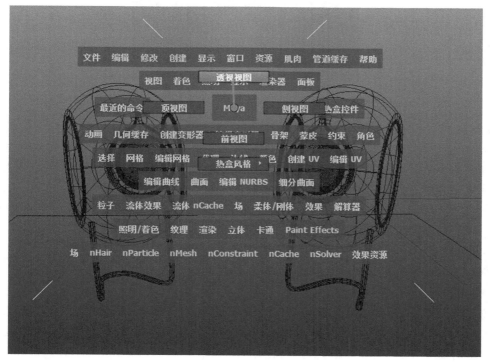

图 4-31　返回透视图

这样可以在摄像机内进行调节位置,调节方法和调节视图的方法一样。

4.6　灯光的创建

摄像机摆放完成后,需要为场景创建灯光。为什么要摆放摄像机? 其实也是为了灯光。如果没有固定角度渲染,那么灯光就无法确定方向和位置。例如:早上和傍晚的灯光方向和位置是不一样的。

【步骤1】执行创建—灯光—选择所需要的灯光类型。这个案例中使用了聚光灯,如图4-32所示。

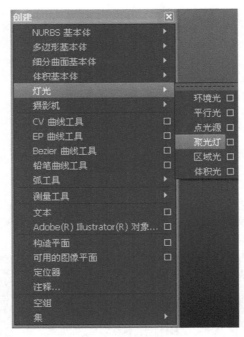

图 4-32　创建灯光

【步骤2】灯光创建完成之后,将选中灯光调整到所需要的位置。

大家还记得沿选定对象观看的命令吗?在摄像机摆放技巧课程中我们曾经学过的命令。如果想跳出灯光内部,恢复成之前的透视图状态或者其他二维图像状态,应该怎么办呢?大家想想看,这也是我们之前学过的。

4.7　灯光的基本属性

像材质球属性调出来的方法一样,需要在场景中双击灯光。右侧的通道栏里就会有灯光的所有属性信息,如图4-33所示。

在灯光属性中,最需要的认识的是它的颜色属性、强度属性、伴影角度、阴影颜色、过滤器大小以及使用深度贴图阴影。什么是深度贴图阴影?深度贴图阴影是聚光当中的一种阴影类型。在场景中,如果物体缺乏阴影,就好像漂浮在空中一样。所以,所有的灯光都有阴影属性。但在 Maya 的 6 盏灯当中,并不是所有的都有深度贴图阴影。在聚光灯中有两种方法能够出现阴影。一种方法是使用深度贴图投影,另一种是使用光线跟踪投影。前者是通过贴图方式,计算机解算所得到的投影。优点是渲染时间快,效果好;缺点是要通过较大的分辨率来配合大型场景。如果分辨率较小会使场景中的阴影变得非常不清晰。这时候,需要把投影方式换成光线跟踪投影,如图4-34所示。

接下来,需要认识的属性的调节方法。

颜色属性　灯光颜色。如果用户想将场景效果烘托得更加明显可以在灯光颜色中改变原有的白色颜色,双击色块在色环中调节。这种方法和调节材质颜色的方法一样。或者,可以调节色块后面的滑条,但只有黑、白、灰色三色。

图 4-33 灯光属性 1

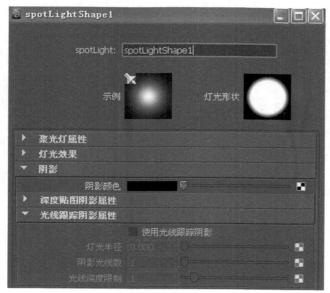

图 4-34 灯光属性 2

强 度 属 性　灯光的强弱是需要用强度属性来进行调节的。默认值为 1。如果想让灯光变弱可以更改灯光强度属性数值,让数值小于 1。但是,不能小于零。如果小于零灯光不但不能照亮场景,反而会把原来场景中的光线吸黑。如果想使灯光变强,增大数值就可以了。

伴 影 角 度　注意聚光灯的示例和灯光形状,如图 4-35 所示。

图 4-35　灯光属性 3

图 4-36 是伴影属性 5 的状态。

图 4-36　灯光属性 4

图 4-37 是伴影属性为零的状态。它的主要作用是羽化灯光边缘。左侧参数为零,右侧参数为 5。

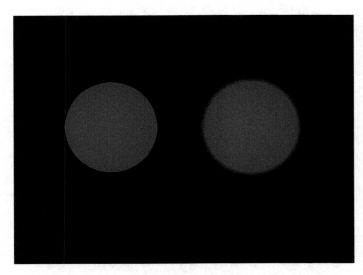

图 4-37　灯光属性 5

有没有阴影也是场景内有没有打灯光的标志之一。因此,在特殊环境下,可能场景中所有的灯光都需要打开阴影。也许有时候,只需要打开主光源的阴影。这还要看流程需要。如需要阴影,在使用深度贴图投影前面勾选,就激活了使用深度贴图阴影的选项。

阴 影 颜 色　阴影照射出来的颜色,一般为黑或者深灰色。

过滤器大小　可以用更为简单的说法解释这个命令的含义。它是阴影的羽化值调节，如果用户想使阴影效果看起来更加柔和,可以增大它的数值。

图 4-38 中,左侧为过滤器大小为 1 的状态,右侧为 10 的状态。

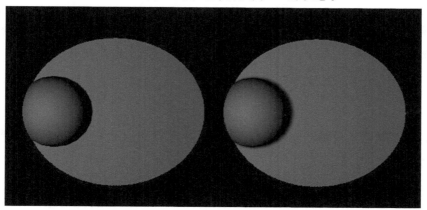

图 4-38　灯光阴影

在场景内有两盏灯,它们的参数如图 4-39 所示。

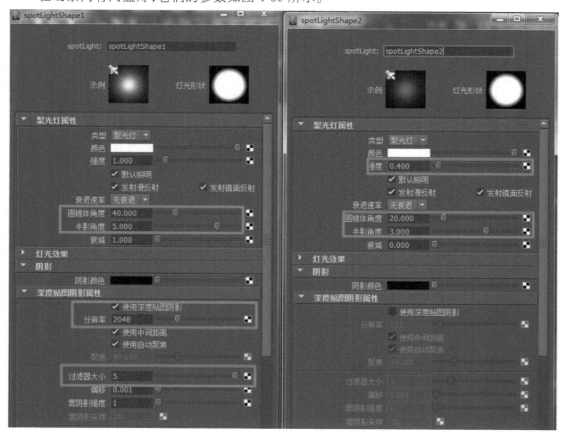

图 4-39　属性调节

强度参数大的一般都为主光源,而次光源根据场景的大小可能有多有少。但这个没有明确的规定,全靠自己理解。

项目小结

　　在本章中，主要学习了 NURBS 模型的基本命令，以及灯光和摄像机的基本调节方法，这些都应了解并熟悉。在制作模型过程中需要多些耐心，相信不久的时间，我们会做出更具有艺术性的作品。

练习

　　将课上没有做完的模型完成并使用 NURBS 模型制作一个笔记本电脑的模型。做完后可参照 Maya 文件夹下第 4 章文件夹中 audio.mb 文件和名称为 audio.jpeg 图片。

第 5 章　盾牌制作

多边形模型又叫 Polygon 模型,也是三维流程当中最为常见和常用的模型。该模型具有点、线、面和对象模式。它和曲面模型不同,在多边形模型当中经常会使用点、线、面对模型进行编辑。

【项目目标】

通过本章的学习主要了解多边形模型的制作过程。最后,根据课上所讲述的内容在课下独立完成模型的其他制作。

【实例介绍】

该静物是通过多边形模型制作模型,此场景特别适合多边形建模零基础的学员。

【重点】

将模块切换到多边形模块。

物体元素

控制顶点、面、边、对象模式的编辑。

编辑网格—挤压

可以将模型中的元素(点、线或者面)选中后挤压出新的元素。

窗口—UV 纹理编辑器

UV 纹理编辑器主要是用来编辑 Maya 中的 UV 部分。

创建 UV—平面映射

平面映射是映射 UV 最常用的工具,通常使用在建筑、小型场景或者道具中。

窗口—渲染编辑器—Hypershade

Hypershade 材质编辑窗口。

文件—项目窗口

可以为文件创建项目工程文件。

文件—设置项目

为当前的场景指定所创建好的工程文件。

工具栏中软修改工具

可以使用软修改工具用在模型上塑造形体,也可以使用在动画中。

编辑—按类型删除—历史命令

删除历史可以将之前使用过的命令记录删除。

【实例操作讲解】

下面通过图 5-1 的标识进行制作。

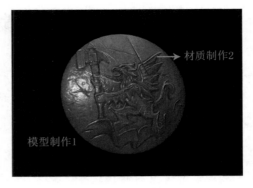

图 5-1　制作步骤图

5.1　盾牌

【步骤1】在便捷工具菜单中选择曲面—多边形球体,如图 5-2 所示。

图 5-2　便捷工具条选择模型

在场景网格中使用鼠标左键拖拽便可以创建出模型,如图 5-3 所示。

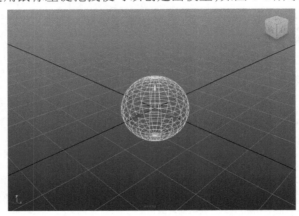

图 5-3　创建模型

【步骤2】使用快捷键拉近视图并使用鼠标左键选择模型,选择键盘中的 W 键显示出世界坐标。

(注意:在软件中使用快捷键之前不能开启大写键按钮。)

【步骤3】将模型从线框切换到实体,在之前的课程中已学习过这个命令。按键盘 5 键可以切换到实体模式,想变回线框模式可按 4 键。

选择模型并使用鼠标右键可以看到模型中的元素,如图 5-4 所示。

与 NURBS 不同,多边形模型每个元素都可以用来直接编辑。

【步骤4】切换到面元素下,将球体的一半面进行删除,如图 5-5 所示。

【步骤5】删除之后,可以用球体的一半形状做出盾牌的形状。将剩余的一半球体使用缩放工具进行调整,调整成盾牌的形状,如图 5-6 所示。

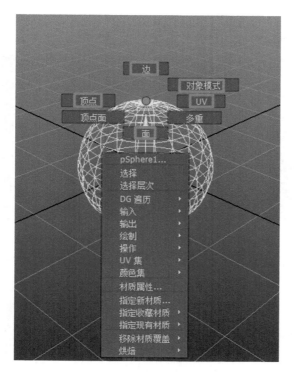

图 5-4　多边形模型元素

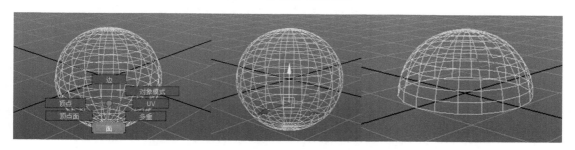

图 5-5　删除面

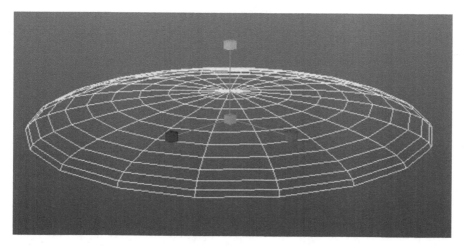

图 5-6　缩放

【步骤6】盾牌不是薄片,所以需要对它添加厚度。选择模型使用编辑网格—挤压工具,按 Z 轴向进行挤压,如图 5-7 所示。

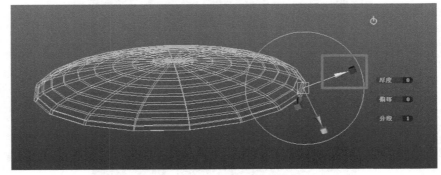

图 5-7　挤压命令

这时,盾牌的厚度就做出来了,但是感觉盾牌的弧度不自然,将挤压过的模型回到对象模式下。选择模型执行工具栏中的软修改工具 ,使盾牌弧度更加自然,如图 5-8 所示。

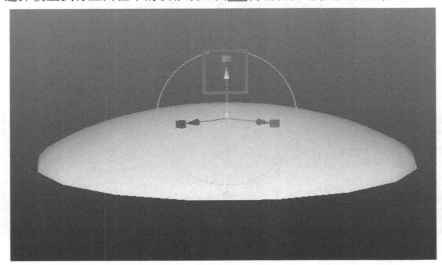

图 5-8　软选择

【步骤7】按 Y 轴向上进行移动,模型的弧度就会发生改变。使用完成命令后按键盘 W 键回到模型的对象模式,如图 5-9 所示。

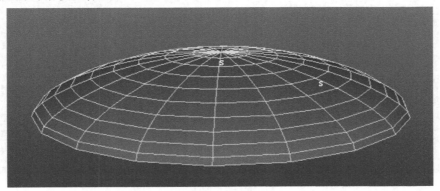

图 5-9　软选择工具

【步骤8】模型编辑过软选择中间有了小的 S 形状,这就是使用过软选择工具的记号,有这个记号明显不利于我们的操作。选择模型,执行编辑—按类型删除—历史命令。这时,模型上就没有了软选择工具的记号了,如图 5-10 所示。

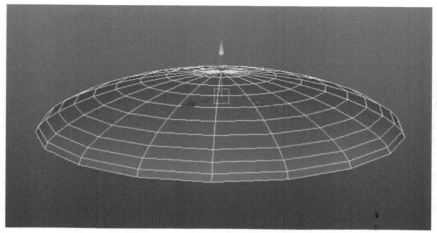

图 5-10　删除软选择

5.2　工程目录的指定

【步骤1】工程目录在 Maya 中起到非常重要的作用,它能够帮助我们更好地管理项目。对当前的模型创建工程目录,点击文件—项目窗口,选择新建,将当前项目的名称改为 shield_Project,并指定要保存的路径,如图 5-11 所示。

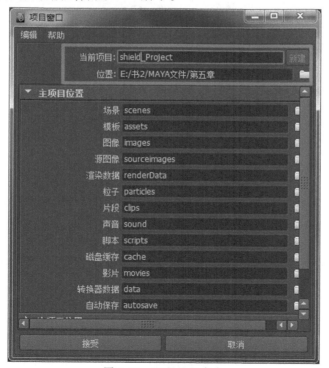

图 5-11　工程目录命令

选择接受命令就可以在刚刚保存的路径中找到名称为 shield_Project 的文件夹。

【步骤2】选择文件—设置项目,弹出 shield_Project 的文件夹对话框,选择 shield_Pro-ject 的文件夹,如图 5-12 所示。

图 5-12　工程目录存放位置

【步骤3】对当前的场景进行保存,点击保存。它会自动找到刚刚创建的工程目录中 Scenes 进行保存,当然在保存的时候别忘记为场景文件进行命名。

5.3　盾牌 UV

首先需要了解的是,什么是 UV,这是必须知道的。在 Maya 中不管是什么模型,都有 U 和 V 两个方向,如图 5-13 所示。

如果将两个方向上的 UV 方向找到同一个线,就可以将模型的 UV 展开。这就像是解剖一个橘子一样,找到一个方向,将外皮剖开,就可以在那张皮上绘制贴图了。绘制贴图的目的是让制作的模型看上去更加真实。

【步骤1】打开窗口—渲染编辑器—Hypershade,将模型赋予棋盘格材质。按 6 键将材质效果显示在窗口中。使用棋盘格材质球的目的是为了观察模型贴上材质后会不会出现拉伸情况,如图 5-14 所示。

【步骤2】棋盘格材质本来是应该呈现出规则的四边形才对,但现在可以看到盾牌中间部分呈现出了三角形,这证明模型的 UV 有拉伸,应该对模型进行映射命令,改变 UV 拉伸的

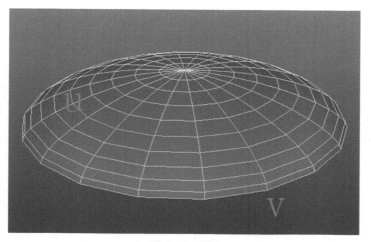

图 5-13   UV

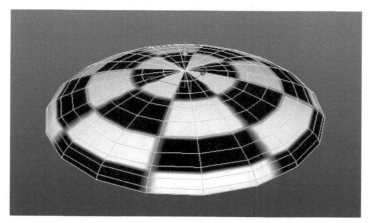

图 5-14   赋予棋盘格材质

情况。

使用工具栏中的绘制选择工具 ，并将模型切换到面元素级别，选择盾牌第一层面，如图 5-15 所示。

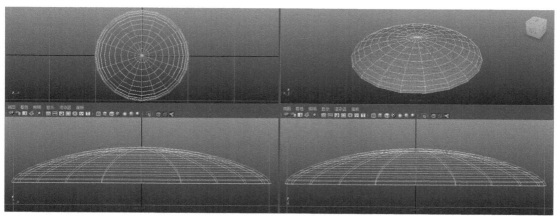

图 5-15   四视图选择面

（注意：使用选择工具可以与避免选择双层面。通常模型是有厚度的，但在进行挤压的时候,可能只需要选择最外层的面进行挤压,而里面看不见的面是不需要做挤压的。)

【步骤3】打开创建 UV—平面映射后的扩展栏,将投影源改为 Y 轴,点击投影,如图 5-16 所示。

图 5-16　映射 UV 属性

【步骤4】在视图窗口中会出现操作手柄并且 UV 会发生变化,如图 5-17 所示。

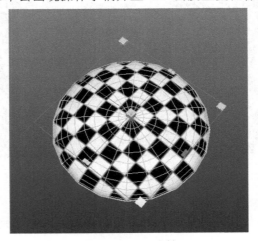

图 5-17　UV 映射

手柄的作用如图 5-18 所示。

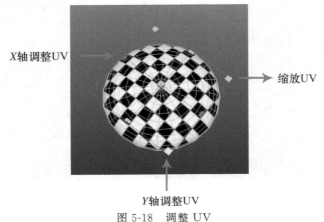

X轴调整UV　　　缩放UV　　Y轴调整UV

图 5-18　调整 UV

【步骤 5】打开窗口—UV 纹理编辑器,基本上所有的 UV 工作都在 UV 编辑器中完成。而调整 UV 形态的主要元素就是 UV 元素,如图 5-19 所示。

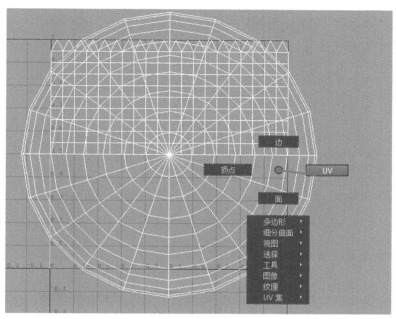

图 5-19　UV 元素

这时看到的 UV 是非常乱的,我们只为盾牌的第一层面分了 UV,也就说还有的 UV 没有分,所以看到了非常乱的 UV 效果。将不用的 UV 调整到其他的位置。

【步骤 6】选择 UV 元素,点选模型中的一个 UV 点,如图 5-20 所示。

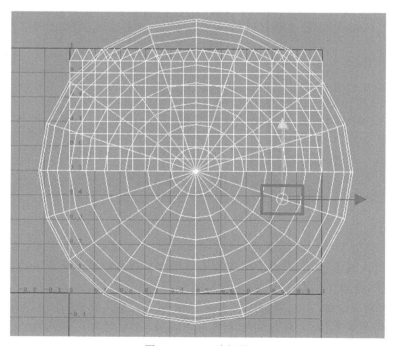

图 5-20　UV 编辑器

按住 Ctrl＋鼠标左键到壳命令会选中当前面上的所有 UV 点,如图 5-21 所示。

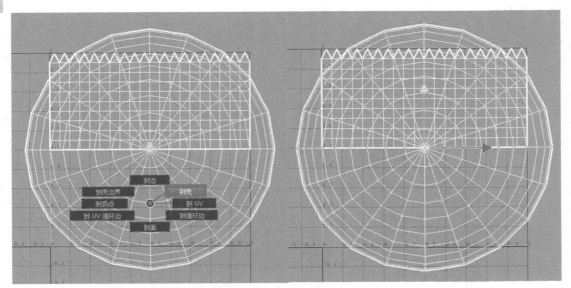

图 5-21　UV 编辑器选择元素

使用移动工具可以将面上的 UV 移动,按照此方法可将不需要的 UV 部分移动到别处,如图 5-22 所示。

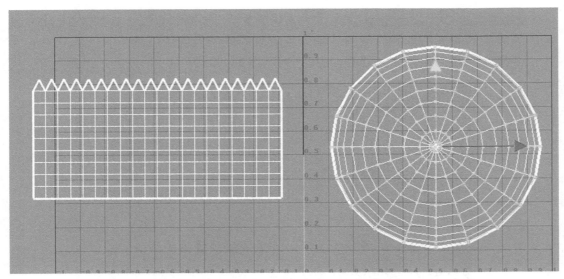

图 5-22　移动 UV

【步骤 7】调整好 UV 后将需要画贴图的部分的 UV 放置在 0—1 空间,如图 5-23 所示。

如果 UV 过大或者过小,需要使用缩放工具将 UV 整体缩放。但需要注意的是,应该选择整体缩放,而不是单个轴向的缩放,如图 5-24 所示。

【步骤 8】当做完这些工作,便可以将 UV 导出 Maya,进入到 PS 中进行制作贴图了。选择所有要导出的 UV 点,在 UV 编辑器中执行多边形—UV 快照。弹出窗口,在文件名中它会自动保存在刚刚创建的工程目录中。文件大小:X 和 Y 改为 1024,图像格式为 JPEG,UV 范围是 0 到 1,点击确定,如图 5-25 所示。

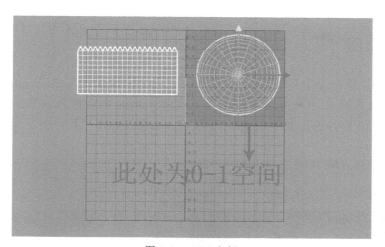

图 5-23　UV 空间

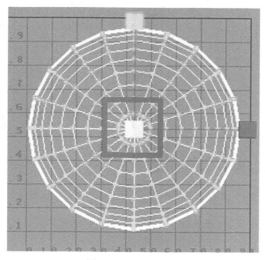

图 5-24　缩放 UV

图 5-25　UV 快照

5.4 绘制贴图

【步骤1】到工程目录中找到所导出的 UV 贴图,并将贴图导入 Photoshop 中进行绘制。在数据文件中第 5 章 shield_Project 文件夹下找到 images 中名称为 colour 的图片,将图片也导入 Photoshop 中。这张素材是需要修改的素材,修改后将它贴到刚刚分完 UV 的面上,如图 5-26 所示。

图 5-26 在 Photoshop 绘制 UV

【步骤2】当对图片处理完成后可以将这张图片导出。导出时需要注意要将 UV 层隐藏,只导出贴图,如图 5-27 所示。

图 5-27 在 Photoshop 绘制颜色贴图

【步骤3】将图片存储为JPEG图,保存在工程目录sourceimages中,名称为colour final。这张图片为盾牌的颜色贴图,想要更加逼真的效果还需要制作一张凹凸贴图。在Photoshop中选择当前的颜色层,执行图像—调整—去色命令,图片变成了黑白色。这时,将这张黑白图片保存,它就是凹凸贴图,如图5-28所示。

图 5-28　在 Photoshop 绘制凹凸贴图

将这张图片保存格式和路径都和颜色贴图一致,但要将此图片的名称改为bump final。

5.5　赋予材质

【步骤1】已经有了颜色和凹凸贴图,接下来可以为模型赋予材质了。打开 Maya 中的 Hypershade。选择 Blinn 材质球,双击 Blinn 材质球找到颜色属性,在颜色属性后有个类似棋盘格的按钮,点击这个按钮,如图5-29所示。

图 5-29　赋予贴图

弹出对话框,选择文件节点,如图5-30所示。

【步骤2】连接了文件节点后,文件节点属性中有个名称为图像名称的命令栏,在此命令栏后有个文件夹的图标,点击这个图标,如图5-31所示。

【步骤3】弹出对话框,找到工程目录 sourceimages 的颜色贴图。选择贴图,点击打开,如图5-32所示。

【步骤4】回到 Maya,将 Blinn 材质球给予模型,按键盘中 6 键,显示材质。

【步骤5】Bump 贴图如何贴回到 Maya 当中,做法和颜色贴图的做法一样。在 Bump 贴图中会出现一个 bump2d 节点,这个节点主要是调节凹凸深度的。双击该节点,在凹凸深度中调整深度数值的大小可控制凹凸贴图的凹凸效果,如图5-33所示。

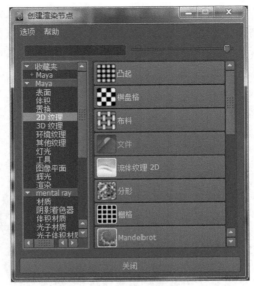

图 5-30　选择二维节点

图 5-31　选择图像

图 5-32　选择颜色贴图路径

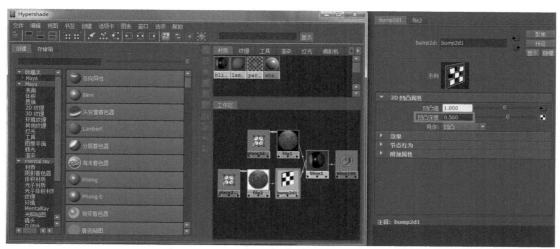

图 5-33　更改凹凸属性

项目小结

　　本章主要是认识多边形模型的制作流程,其中包括了模型的制作思路、材质以及默认灯光的效果。有很多的重点是之前的章节中所学习到的,将每章的重点部分充分地了解和吸收才会提高我们的学习效率。

练习

　　在 Maya 文件夹第 5 章 shield_Project 下,scenes 中有一个名称为 work. mb 文件,images 中有一张名称为 Colour 的图片,通过给予的 Maya 文件和贴图制作完整的盾牌效果。

第6章　电脑组合制作

多边形模型的应用范围广,在建筑模型和道具模型中非常常见。本章主要是电脑组合的进行制作,使大家对多边形模型的制作有更加深入的了解。

【项目目标】

通过本章的学习,主要熟悉多边形模型的制作过程,最终达到独立完成其他模型的目的。

【实例介绍】

该场景是通过多边形模型制作模型,特别适合刚刚入门有点基础的学员。

【重点】

将模块切换到多边形模块。

物体元素

控制顶点、面、边、对象模式的编辑。

编辑网格—挤压

可以将模型中的元素(点、线或者面)选中后挤压出新的元素。

编辑网格—插入循环边工具

编辑此命令,需先选择模型,执行命令,可在模型中加入一圈线。

网格—布尔—差集

该命令不常用,在做静帧作品时,可使用此命令做出形体。操作方法是先选择保留物体后,选择被剪掉物体。

创建—摄像机—摄像机

可以创建出新的摄像机,如图 6-1 所示。

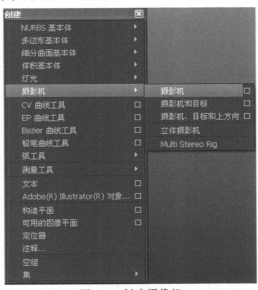

图 6-1　创建摄像机

视窗口命令栏—面板—沿选定对象观看

可以进入到选定对象的内部去观察。

执行创建—摄像机—摄像机

创建完成后,在场景内会看到一台摄像机,然后,我们要将摄像机摆放在合适的位置,虽然可以移动、旋转它,但却看不到需要摆放在场景的实际位置。如果能进入摄像机内部去观察是不是能够使我们的工作效率提高呢?回答是肯定的。选中摄像机,然后选择视图窗命令栏下面板—沿选定对象查看命令,如图6-2所示。

图6-2　选择菜单命令

当对摄像机摆放的位置确定后,需要跳出摄像机角度。按住空格键,点击Maya选择透视图,如图6-3所示。

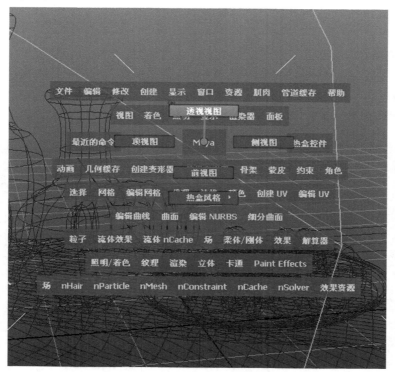

图6-3　返回到透视图

这样就可以在摄像机内进行位置调节。调节方法和调节视图的方法一样。

编辑网格—倒角

执行此命令需先选择模型,再执行。也可以选择单独的线进行倒角。

创建 UV—平面映射

平面映射是映射 UV 最常用的工具,通常使用在建筑、小型场景或者道具中。

【实例操作讲解】

下面通过图 6-4 的标识进行制作。

图 6-4　制作步骤图

6.1　显示器

【步骤1】首先将显示器拆开,观察显示器的主要制作零件,如图 6-5 所示。

要与显示器座的槽一致　　　　　　　　　　显示器座上有槽

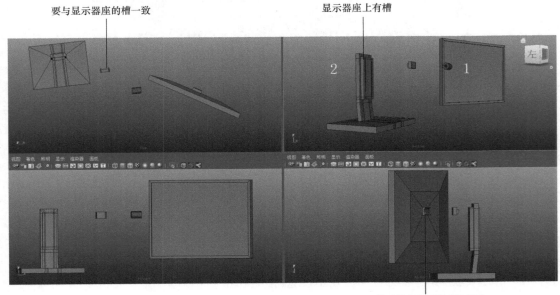

显示器和显示器座连接处

图 6-5　四视图观察显示器

　　显示器的制作主要是分为四个部分,我们先从最重要的开始。在制作过程中要注意,使用挤压命令前要检查多边形模块中编辑网格—保持面的连接性是不是已经勾选。没有勾选的,应勾选。

　　【步骤2】先做显示器。创建多边形立方体,并将面进行挤压,如图6-6所示。

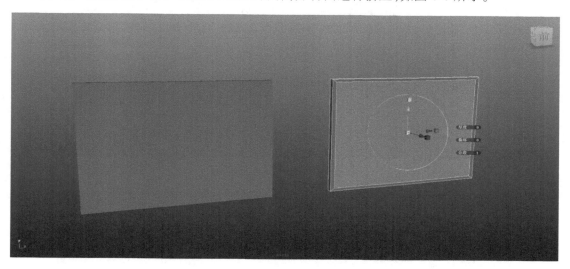

图 6-6　挤压

　　【步骤3】挤压一次之后,屏幕和外面的壳子之间是没有厚度的,还需要再次挤压一次,如图 6-7 所示。

图 6-7　挤压屏幕

　　请注意,厚度不要穿透后面的面。挤压完成后,显示器前面的面就做完了。关键是显示器和显示器座的连接处。我们看看连接处座的制作,如图6-8所示。

　　【步骤4】选择后面的面进行挤压,将挤压出来的面再次挤压出厚度,如图6-9所示。

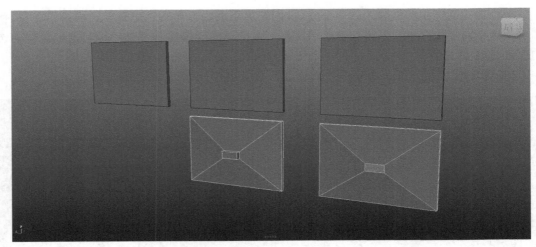

图 6-8 挤压屏幕后座

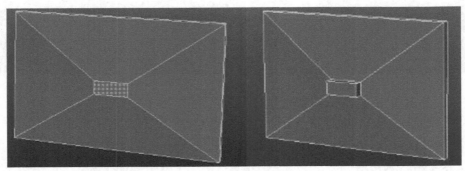

图 6-9 挤压

6.2 显示器底座

【步骤 1】显示器对于这个场景来说还是非常容易的。创建多边形立方体,并将立方体的面进行挤压,如图 6-10 所示。

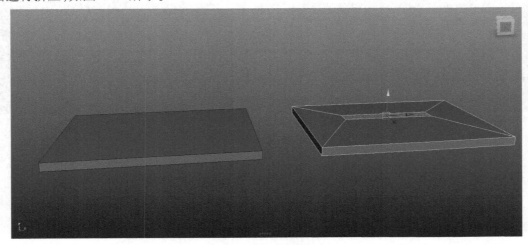

图 6-10 挤压屏幕底座

【步骤2】将这个面再次挤压得到显示器座的高度,如图6-11所示。

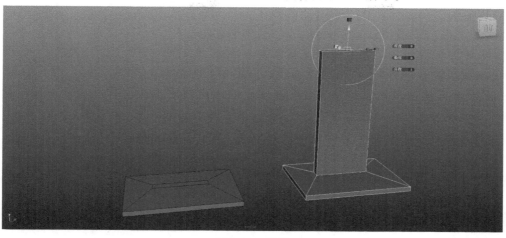

图6-11 挤压

【步骤3】挤压出高度之后,加线。选择上面的面并进行挤压,如图6-12所示。

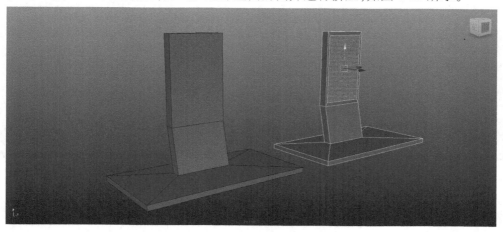

图6-12 挤压底座形体

【步骤4】将这个面再次挤压,做出厚度,如图6-13所示。

图6-13 挤压厚度

必须注意的是,加线之后,需要稍微对造型作一些调整,如图 6-14 所示。

这样完成之后,就可以制作座槽部分。这里要先布线。

(注意:如果使用插入循环边工具插入多条线时,可以双击选择单独的一圈线进行删除。删除之后要记得在线上还有原来的点,这被称为废点,删除线后一定要删除废点,如果没有删除废点当再次执行插入循环边工具时是无法正常插入的。废点的删除方法是选择所有的废点,点击 Delete 键。)

【步骤5】为显示器底座进行布线,制作槽。选中模型执行编辑网格—插入循环边工具,如图 6-15 所示。

【步骤6】选中要挤压出槽的面进行挤压,如图 6-16 所示。

图 6-14 侧视真实效果图

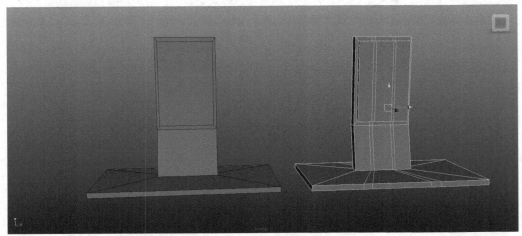

图 6-15 布线

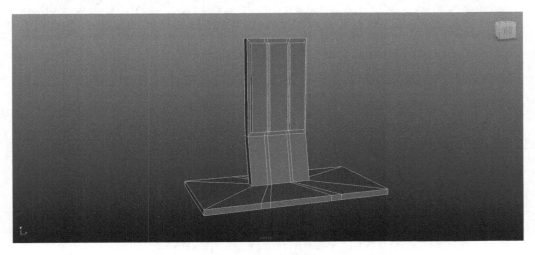

图 6-16 挤压槽

6.3 显示器连接部分

制作显示器座和显示器的连接部分,需要注意的是连接处的槽要和显示器座上的槽一致。首先先近看下它们之间是如何连接的,如图 6-17 所示。

图 6-17　连接处实体效果图

【步骤 1】将圆柱体上一半的点使用缩放工具压到一个平面上,如图 6-18 所示。

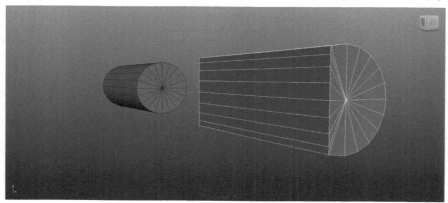

图 6-18　连接处制作

【步骤 2】在调整好的圆柱上进行布线和显示器座上的槽要一致,如图 6-19 所示。

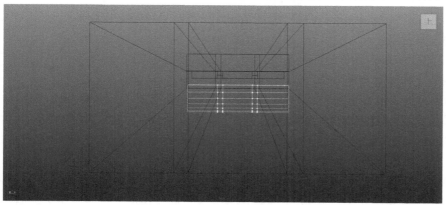

图 6-19　调节元素

【步骤3】选中面挤压,做槽和零件的连接,如图6-20所示。

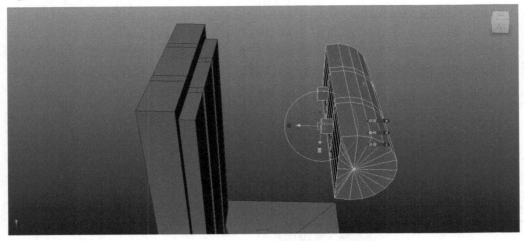

图6-20　挤压

【步骤4】制作完成的显示器座和显示器的连接部分,如图6-21所示。

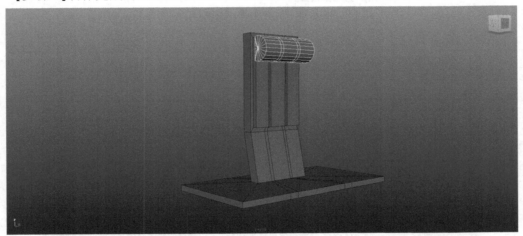

图6-21　匹配

(注:打开第6章 Maya 文件中名称为 group_Project 文件下 scenes 中名称为 group_Production process.mb 文件,里面有制作过程。)

6.4　完美结合

【步骤1】复制两个零件模型,如图6-22所示。

【步骤2】将其中一个与显示器之间做布尔运算。先选择显示器再加选零件执行网格—布尔—差集,如图6-23所示。大家看到变化了吗?

【步骤3】再把之前复制的零件模型使用移动命令调整到合适的位置,这样显示器模型就制作完成了,如图6-24所示。

(注意:布尔运算是本章的新命令,使用这个命令时可能有时候会出错,并且使用该命令时不能使用平滑模型命令。因此,不建议使用该命令制作模型。但当渲染的是静帧图片时,可以使用布尔运算。)

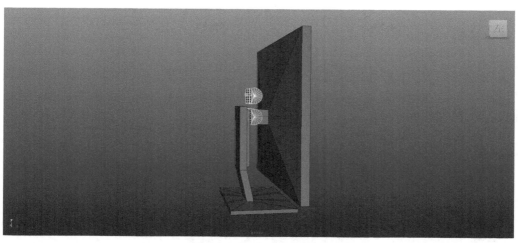

图 6-22　屏幕和底座结合

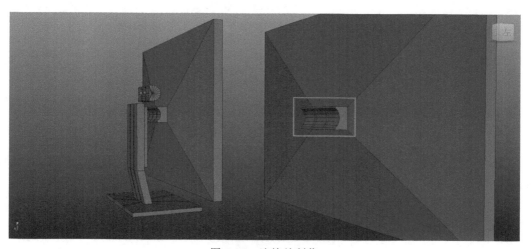

图 6-23　连接处制作

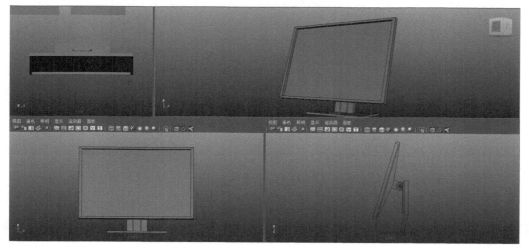

图 6-24　显示器四视图

6.5 书桌

在该场景中大部分的模型都是真实存在的。也可以根据自己的环境拍成照片,拿到三维里制作。其实在制作模型之前如果没有实物作为参考,还可以到二维软件中绘制设定,根据画好的二维图稿进行制作。

【步骤1】先观察书桌的整体形态,如图 6-25 所示。

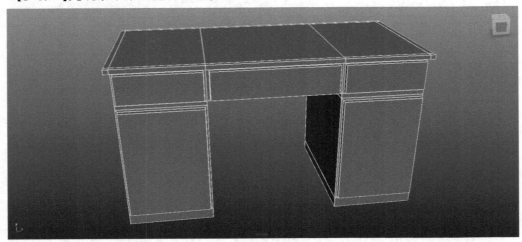

图 6-25　书桌效果图

【步骤2】创建多边形立方体,并且使用网格编辑—插入循环边工具为多边形立方体进行布线,如图 6-26 所示。

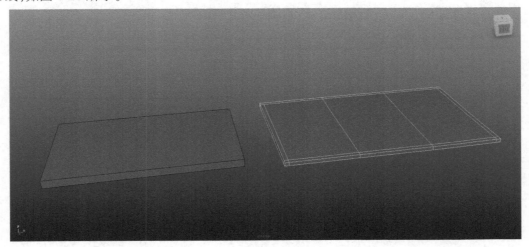

图 6-26　布线

【步骤3】加入线段之后,要清楚加入的这些线是干什么用的。这里加入线是确定了桌面边缘的位置以及三个抽屉的位置。加入线之后,挤压桌子的厚度,不要选中桌边部分的面,如图 6-27 所示。

【步骤4】注意书桌的形态,下面还有两个小柜子。选择左、右两侧抽屉上的面进行挤压,如图 6-28 所示。

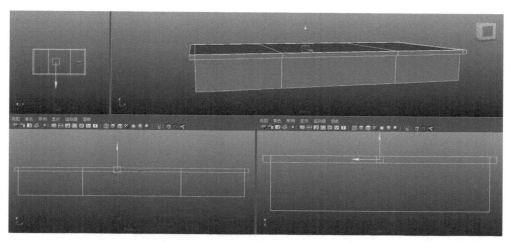

图 6-27　挤压

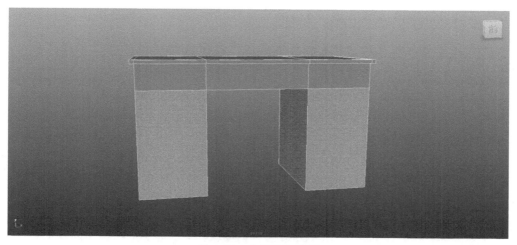

图 6-28　小柜子的挤压

【步骤 5】再次布线,如图 6-29 所示。

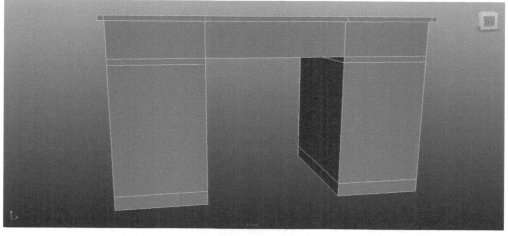

图 6-29　柜子布线

【步骤 6】选择面挤压,这次是将抽屉和小柜子的位置挤压出来。先要将编辑网格—保持面的连接性去掉勾选,然后再执行挤压,如图 6-30 所示。

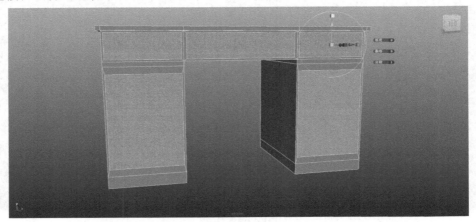

图 6-30 挤压抽屉位置

【步骤 7】再次挤压,挤压出厚度,如图 6-31 所示。

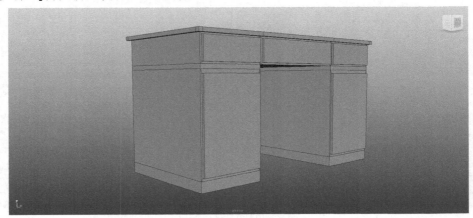

图 6-31 挤压抽屉厚度

这时,书桌制作好了。为了使桌子边缘更立体,选中模型执行编辑网格—倒角,效果如图 6-32 所示。可以根据比例将显示器摆在上面。在制作时,千万别忘记时刻要保存场景。

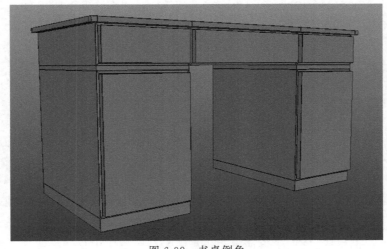

图 6-32 书桌倒角

（注意：倒角命令使用时候，如果模型中有废面或者破面，该命令实施后没有效果。因此，要先检查模型。）

6.6 音箱

【步骤1】先观察音箱的基本形态，这是联想一体机锋行系列的音箱，如图6-33所示。

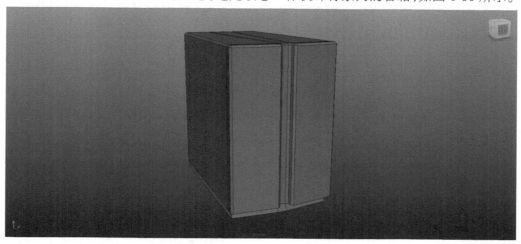

图 6-33 音箱效果图

【步骤2】执行创建多边形立方体，并将立方体进行布线，如图6-34所示。

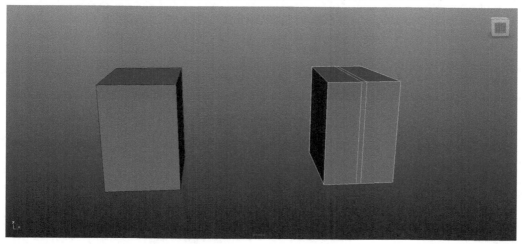

图 6-34 音箱布线

【步骤2】对两侧的面进行选中进行挤压，挤压一次就可以了。在实施命令之前，将保持面的连续性勾选上，如图6-35所示。

【步骤3】注意音箱的底部，要将底部的面先进行挤压一次，如图6-36所示。

【步骤4】选择刚刚挤压完面上的一圈线，这次要挤压线。选择一圈线之后执行挤压命令，如图6-37所示。

【步骤5】使用缩放命令整体缩放，如图6-38所示。

【步骤6】这样，音箱就制作好了。为了使音箱边缘效果更好，执行编辑网格—倒角，效果

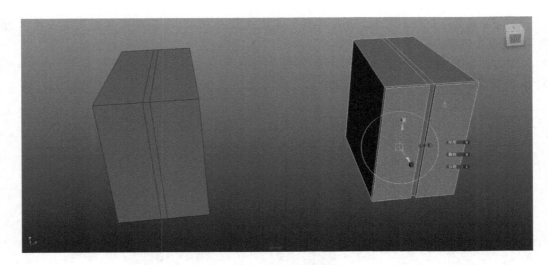

图 6-35　挤压音箱厚度

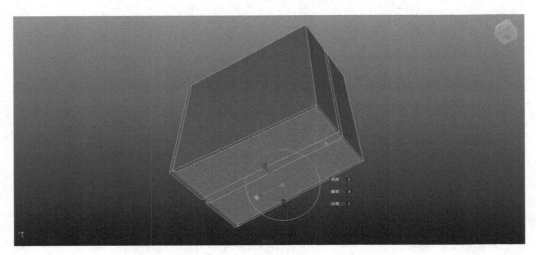

图 6-36　挤压音箱底座

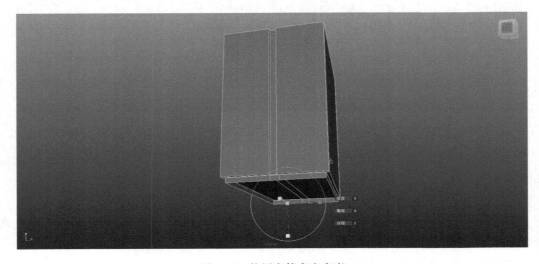

图 6-37　挤压音箱底座高度

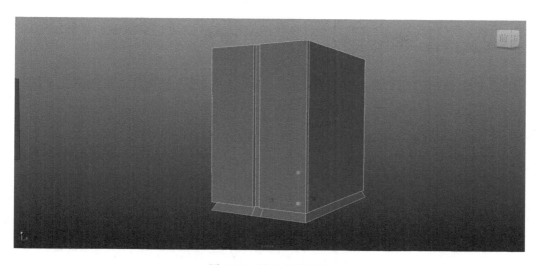

图 6-38　挤压音箱底座

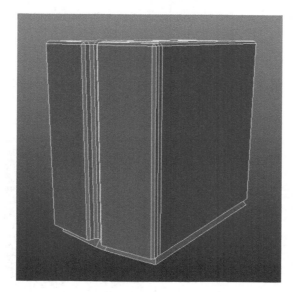

图 6-39　音箱倒角

如图 6-39 所示。

（注：在场景内的模型还有很多，可以先自己试试能不能做出来。如果不能制作，请找到第 6 章 Maya 文件中名称为 group_Project 文件下 scenes 中名称为 group_Production process.mb 文件看制作过程。）

6.7　电脑组合——摄像机位置

在电脑组合场景中因为摄像机已经 Key 了动画，所以这里就不再过多讲述摄像机位置怎么摆放了。可以选定好的摄像机角度来进行渲染。另外，只 Key 了 Y 轴向，所以把其他轴向上的坐标全部锁定了。

（注意：此处讲解在本章重点部分中"执行创建—摄像机—摄像机"。）

6.8 电脑组合——灯光

主要光源为区域光,另外两盏灯为辅光,一盏为聚光灯,一盏为点光源,如图 6-40 所示。

图 6-40 光源位置

【步骤 1】观察主光源位置,它在屏幕的上模拟屏幕发出的光线。

(注意:区域光面积越大灯光越强,因此,使用区域光不能把区域光面积放得太大,否则会使场景曝光。)

【步骤 2】将区域光的参数调出来,注意特殊色条的选项,如图 6-41 所示。

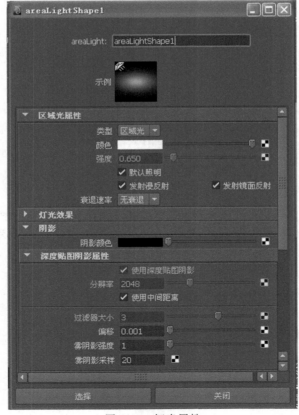

图 6-41 灯光属性

更改的这些参数,是我们之前在讲解聚光灯光中见到过的。

【步骤3】接下来,观察两个辅助光源的位置,再看它们的参数调节,如图6-42所示。

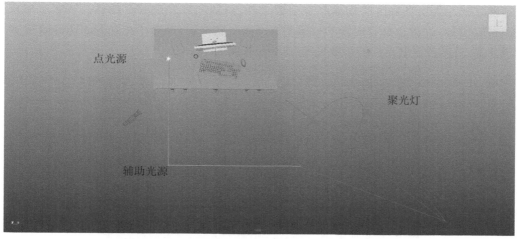

图6-42　光源名称

【步骤4】点光源的参数调节,如图6-43所示。

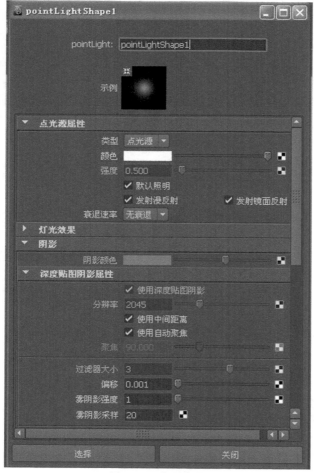

图6-43　光源参数

除阴影颜色外,其他属性都是之前已经接触过的。辅助光源是可以开设阴影的,原因是场景内点光源是模拟的灯泡发射出来的光线。想一想,晚上回到家,在家里打开电脑工作的时候,除了显示器会使周围的物体产生阴影之外,其他的灯光也能令物体有阴影。所以,这里的辅助光源点光源也是有阴影的。但阴影颜色比较浅,不能夺了主光源的阴影效果。

【步骤5】再看看聚光灯的参数调节,如图6-44所示。

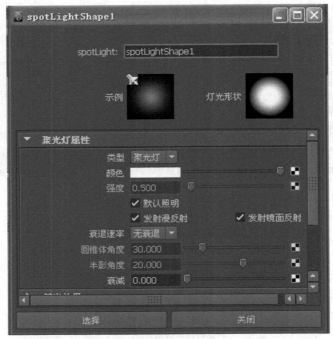

图6-44   光源属性

6.9   电脑组合——材质

这个场景中,除了电脑显示器之外其他的都是使用默认材质Lambert。显示器上有一张贴图是电脑桌面,另外,在显示器上也制作了凹凸纹理,如图6-45所示。

【步骤1】下面我们就先制作屏幕桌面。对屏幕桌面上的面赋予棋盘格材质,看是否有拉伸。先选择面,然后选择材质,鼠标右键—将纹理材质指定给当前选择,如图6-46所示。

【步骤2】桌面的棋盘格纹理效果是有拉伸的。选择面,执行创建UV—平面映射,如图6-47所示。

【步骤3】完成之后,新创建Blinn材质球,在颜色中添加文件节点。文件节点中找到图像名称,图片在第6章Maya文件中名称为group_Project文件下images中,名称为桌面'桌面贴图的JPEG'。添加完成之后,如图6-48所示。

如果贴图贴上之后还是有拉伸,那么重新映射下UV就可以。

(注意:UV可以反复映射,错误的UV在下一次映射时会被覆盖。)

【步骤4】最后我们调节显示器上其他面的材质,如图6-49所示。

使用的Blinn材质,在凹凸贴图中连接了一张3D纹理区中的岩石纹理。大家还记得凹凸贴图如何连接吗? 可以回到第5章看下颜色贴图的连接方法。

图 6-45　渲染

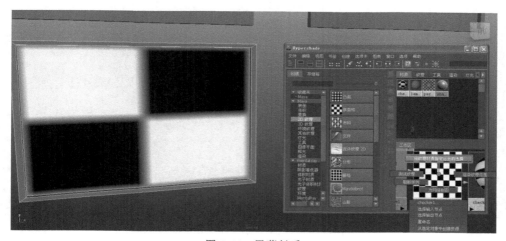

图 6-46　屏幕材质

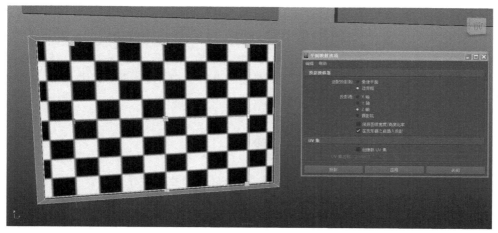

图 6-47　UV 映射

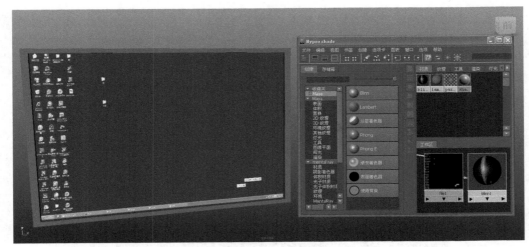

图 6-48　为电脑屏幕赋予贴图

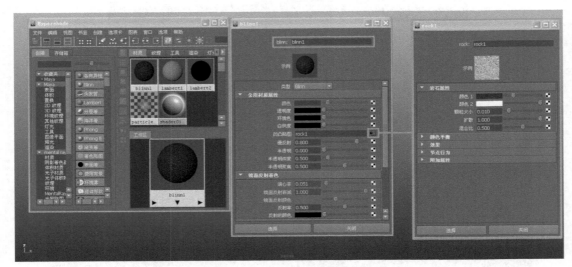

图 6-49　为电脑显示器添加凹凸属性

项目小结

在本章中熟悉多边形模型的制作流程,有很多注意点是需要掌握并且熟练记住的。在制作多边形模型中,可以通过其他方式得到模型的外形。但是,需要将这些模型以最快以及对的方式制作出来,而不是纠结于某个细节。

练习

将图中没做的模型在课下独立进行制作,如果时间充裕请赋予材质。

卡通人物建模在三维建模中通常使用多边形来进行制作,这样做的目的是为了方便贴图和 UV。对于初学者来说,使用多边形模型制作人物是比较简单易学的一种方式。

【项目目标】

通过本章的学习主要是掌握多边形模型的制作思路,熟悉和掌握所讲解的命令。同时,复习前两个章节中所用到的所有命令,最终达到独立完成作品并能创作作品的能力。

【实例介绍】

本章案例继续学习用多边形模型制作模型,用 Maya 的默认材质制作卡通人物的皮肤效果。

【重点】

将模块切换到多边形模块。

物体元素

控制顶点、面、边、对象模式的编辑。

编辑网格—挤压

可以将模型中的元素(点、线或者面)选中后挤压出新的元素。

窗口—渲染编辑器—Hypershade

Hypershade 为材质编辑窗口。

编辑—特殊复制

特殊复制中有很多拓展复制选项,本章主要是使用几何体类型中实例复制方法。

文件—项目窗口

可以为当前场景创建工程目录。

文件—设置项目

可以为当前场景指定到所创建的工程目录中。

修改—居中枢轴

此命令可以将坐标还原到物体的中心位置。

网格—平滑

可使模型变得光滑。

编辑网格—交互式分割

可加入断线,先选择模型再从需要的面的结构线上进行加线。需要注意的是,使用该命令进行加线需要将初始线的点和结束的点固定在结构线上。

【实例操作讲解】

下面通过图 7-1 的标识进行制作。

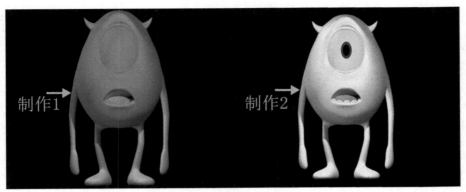

图 7-1　制作步骤图

7.1　了解卡通人物的制作

在制作模型之前,需要注意的是,在制作卡通建模的过程中,不光要把握模型的整体效果,也要注意模型的布线,而模型的布线规则主要是通过人物的肌肉走向进行布置的。因此,需要对角色的结构掌握好了,然后再进行制作。要做到,先观察后制作。对于初学者而言,这点是非常难的!但是无论如何一定要先参考好的 CG 作品的布线,如图 7-2 所示。

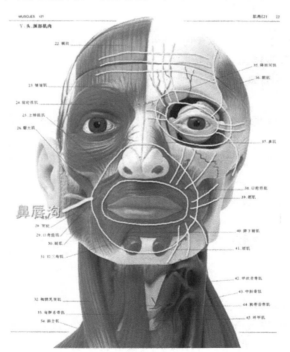

图 7-2　解剖图

需要先观察人物的基本结构,这样做的目的是为了更好地完成下一步动画制作。这也并不代表布线不对无法动画,只是在布线不对的情况下可能会影响动画效果。

7.2　模型的制作

在 Maya 中有很多的默认模型母体,在便捷工具栏中有球体或者立方体,这些都是模型母体。我们需要做的是,找到最快能够达到效果的母体来进行制作。对于初学者可能这样比较难,在塑造形体上,用球体或者立方体可能都能够得到我们需要的形体。可需要思考的是,用哪种方法才能做得更快、更好呢?

【步骤1】在制作大眼仔这个模型过程中,用球体模型作为母体制作应该是比较快的。在 Maya 中将创建出的形体的分段数目分别改成 8 段,如图 7-3 所示。

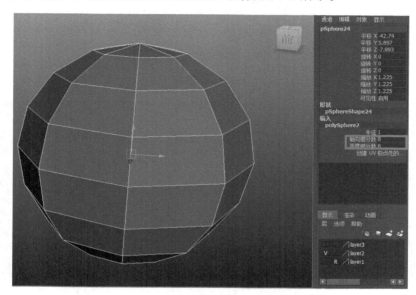

图 7-3　创建模型

【步骤2】将球体中两级的三角面进行删除,如图 7-4 和图 7-5 所示。

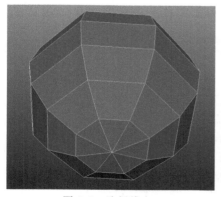

图 7-4　选择线

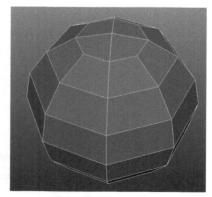

图 7-5　删除线

【步骤3】将另外一半进行删除,如图 7-6 所示。

【步骤4】将该模型对象模式,打开编辑—特殊复制后的拓展栏。更改特殊复制选项中的几何体类型,改为实例类型,并将缩放中 X 的选项改为—1,如图 7-7 所示。

执行应用,结果如图 7-8 所示。

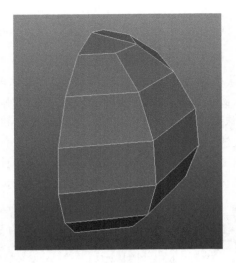

图 7-6　删除面

图 7-7　复制

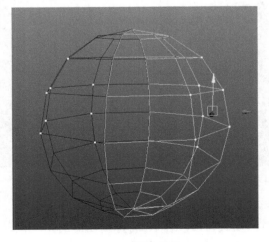

图 7-8　调整元素

这种方式复制的特点是能够使模型的调整同步,可以更快地调节出模型的形体。调整
线位置,如图 7-9 所示。

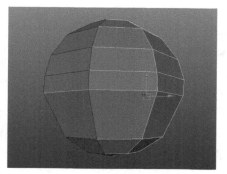

图 7-9   调整元素

【步骤 5】选择要挤压的面,将大眼仔眼睛的位置确定下来,如图 7-10 所示。

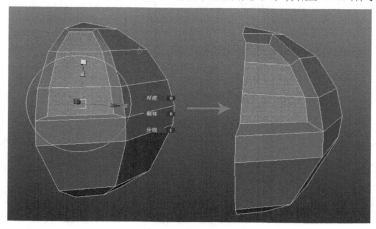

图 7-10   挤压

【步骤 6】接着,布线并调整线位置。为了更好地让大家看到,将模型的另外一半进行了删除。加入断线需要执行编辑网格—交互式分割工具。注意加粗线的位置,如图 7-11 所示。

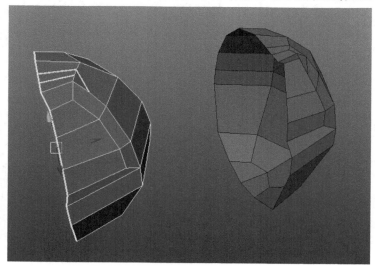

图 7-11   添加线

【步骤 7】继续调整形体,通过删除面的方式,将大眼仔的眼睛制作出来,如图 7-12 所示。

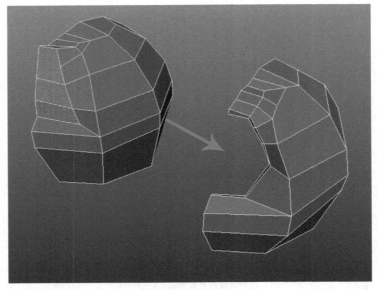

图 7-12   删除面

【步骤 8】调整大眼仔的眼睛形状,并调整身体的大型,如图 7-13 所示。

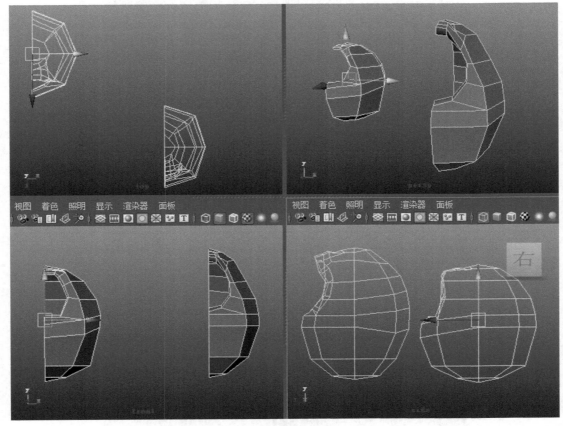

图 7-13   调整形体

【步骤9】将大眼仔的另外一半使用实例的方式复制出来,观察形体是否准确,如图7-14所示。

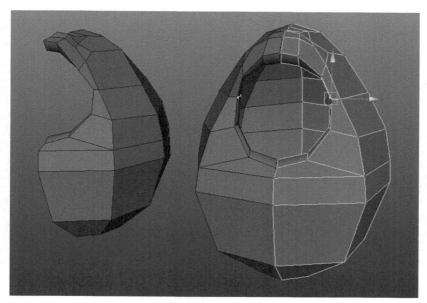

图 7-14　调整元素

【步骤10】调整面使大眼仔的眼皮部分更加突出,如图7-15所示。

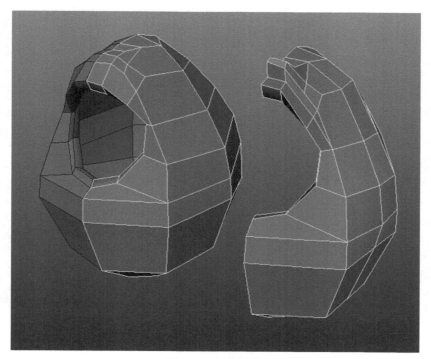

图 7-15　调整形体

【步骤11】选择面,通过挤压命令将嘴巴的位置确定下来,如图 7-16 所示。

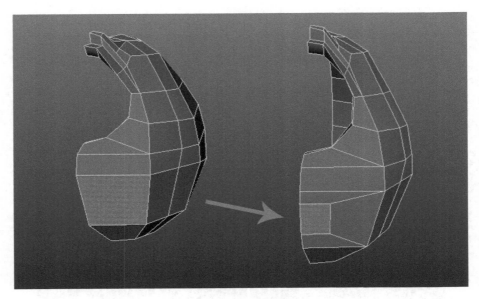

图 7-16　挤压面

【步骤12】通过删除面将嘴巴制作出来,选择线挤压出嘴唇的厚度,如图 7-17 所示。

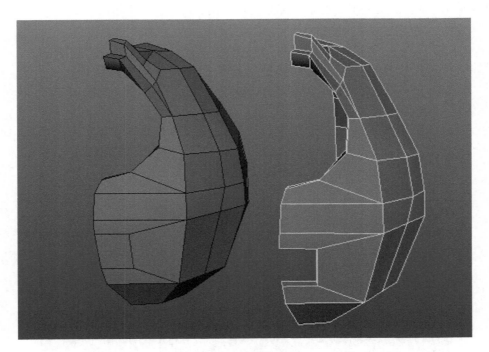

图 7-17　删除面

接下来,到了眼花缭乱的时候了。不用着急,我们可以在本章节中找到它的制作过程。Maya基础教程与案例指导
这时候需要重新整理布线,注意粗线部分,如图 7-18 所示。

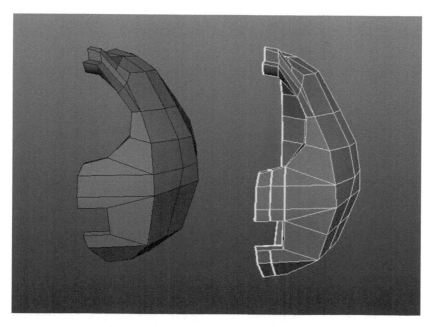

图 7-18　添加线

【步骤 13】调整形体,并不断将线段调整成正确的结构,如图 7-19 所示。

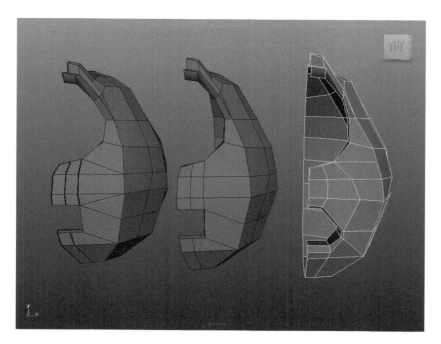

图 7-19　布线 1

【步骤 14】为嘴唇加入线段，让嘴唇厚度看起来更加明显，如图 7-20 所示。

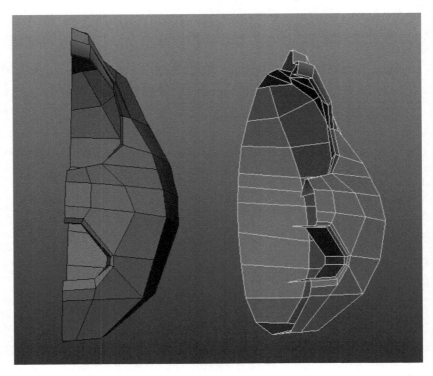

图 7-20 布线 2

【步骤 15】这时，可以按键盘的 3 键提前预览平滑模型的效果，但按 3 键只能提前预览，渲染出的模型依然是没有平滑的效果。为大眼仔加入眼球，如图 7-21 所示。

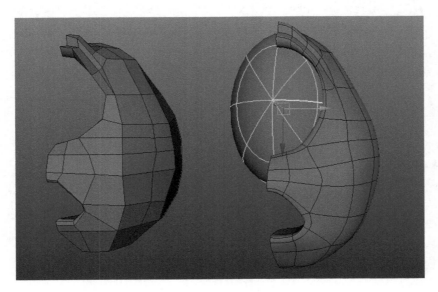

图 7-21 添加眼球

【步骤16】将眼球和眼皮完全匹配上,并挤压出手臂和手,如图 7-22 所示。

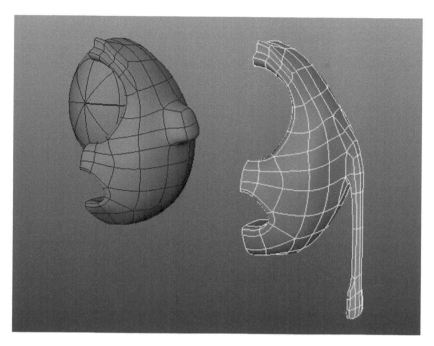

图 7-22 挤压手臂

【步骤17】按照同样的方法可以挤压出腿和脚,如图 7-23 所示。

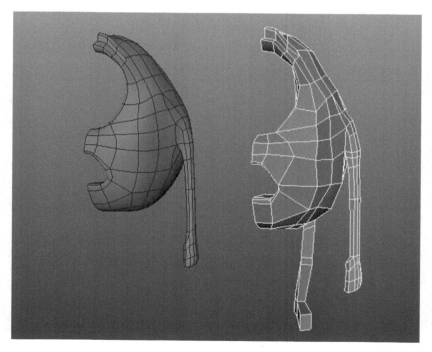

图 7-23 挤压腿

【步骤18】调整脚的形体,为眼皮加入一圈线段,如图7-24所示。

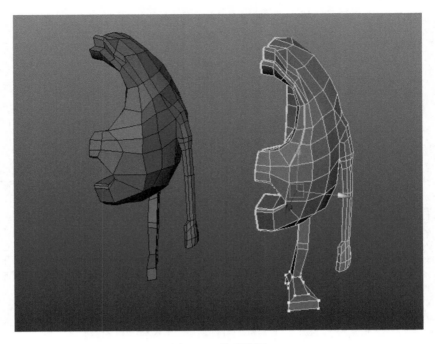

图7-24　挤压脚掌

【步骤19】为了让大眼仔的眼睛和嘴巴更加具体,又为它加入了一圈线,并添加了一根断线破掉了肩膀部的三角面,如图7-25和图7-26所示。

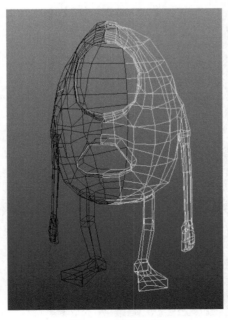

图7-25　线框布线

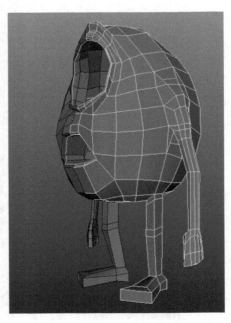

图7-26　实体布线

【步骤19】继续调整形体,将模型的手部和脚部调整得与原图更加匹配。并继续为模型的嘴部加线,让它的嘴唇看起来更加明显,如图 7-27 和图 7-28 所示。

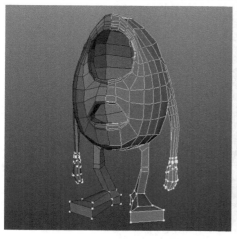

图 7-27　调整元素 1

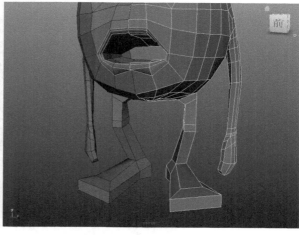

图 7-28　调整元素 2

【步骤20】最后,将它的犄角单独做出来,再使用移动命令移动到模型的身体部分,如图 7-29 所示。

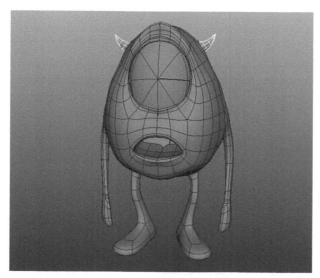

图 7-29　创建犄角

模型制作完成了,选中模型执行网格—平滑命令,这样能让模型渲染出更好的效果。

(注:可以在 Maya 文件第 7 章 toon_project 中 scenes 找到 toon. mb 文件观看制作过程。)

7.3　卡通人物的材质制作——眼睛

【步骤1】在 Hypershade 中创建 Blinn 材质球。在 blinn 材质球的颜色属性中加入 2D 纹理中的一个名称为 ramp 节点。当用 Photoshop 绘制贴图完成后,需要贴回到 Maya 中,这其中就用了文件节点。而连接 ramp 节点的方式和它一样,如图 7-30 所示。

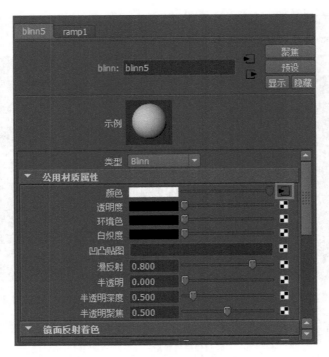

图 7-30　添加节点

【步骤2】当连接了 ramp 节点后,需要将节点的属性进行更改,如图 7-31 所示。

图 7-31　节点色条

7.4　卡通人物的材质制作——身体

先观察图 7-32 中所用到的节点和材质球。这里有之前用到的,也有刚刚开始接触的。层材质球是我们刚刚接触过的材质球,它的特点是可以将多个因素的节点或者材质球进行融合。因此,身体材质是通过层材质球制作的。

【步骤1】先创建一个 Blinn 材质球,双击色条部分,将颜色更改为如图 7-33 所示。

【步骤2】再从凹凸贴图属性中添加 3D 纹理 rock,如图 7-34 所示。

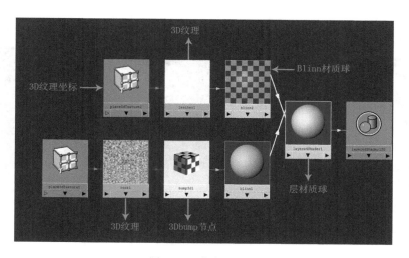

图 7-32　节点展开图

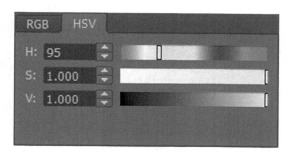

图 7-33　色条

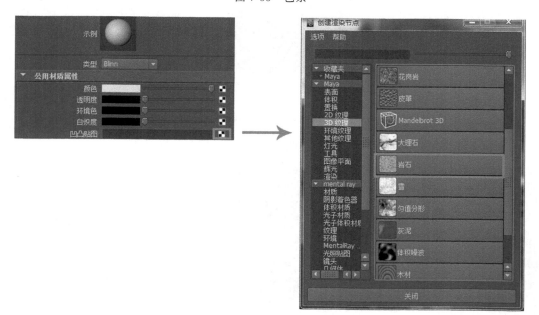

图 7-34　添加节点

　　这时候会自动添加一个 3Dbump 节点。双击该节点将凹凸深度改为 0.05,如图 7-35 所示。

　　这样做的目的是让角色的身体看起来更加真实。但这个模型身上又有很多的斑点,可

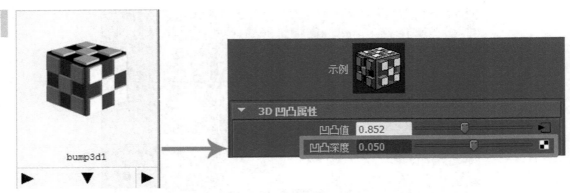

图 7-35　调整凹凸深度

以再次创建一个新的 Blinn 材质球,将它颜色改为黑色,在透明中连接一个名称为 lether 的 3D 纹理节点,如图 7-36 所示。

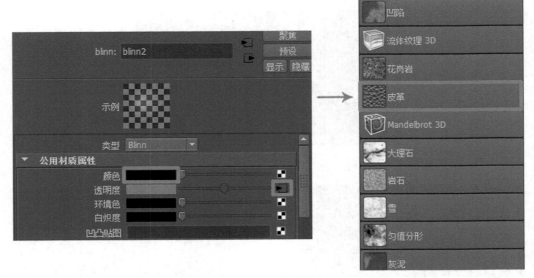

图 7-36　添加节点

【步骤 3】完成后,将创建的 lether 的节点双击进行更改,如图 7-37 所示。

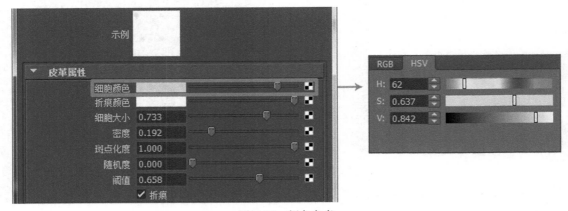

图 7-37　颜色色条

【步骤 4】创建层材质球,如图 7-38 所示。

图 7-38　选择材质球

【步骤 5】双击层材质球,将两个 Blinn 材质球使用鼠标中键都拖入到层材质球的分层着色属性中,如图 7-39 所示。

图 7-39　层材质球

将该材质赋予模型,按渲染进行观察制作效果,如图 7-40 所示。

图 7-40　赋予模型材质

【步骤6】最后,将两个3D纹理坐标中的3D纹理放置属性改为适配到组边界框,如图7-41所示。

图7-41　匹配坐标

7.5　灯光的制作

【步骤1】场景中共五盏灯,分别为一个聚光灯和四个点光源。聚光灯为主要光源。首先观察灯光的分布和它们各自的属性,如图7-42所示。

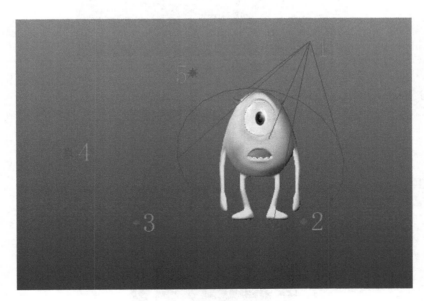

图7-42　布光位置

【步骤2】它们各自的参数如图7-43所示。

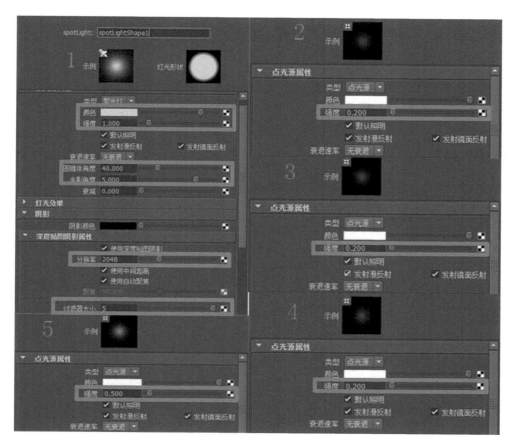

图 7-43　灯光参数

7.6　渲染

大家可随意找位置渲染,在该章节中使用的是前视图进行渲染的。选择 Maya 中渲染按钮 。

项目小结

本章主要是通过大眼仔的例子了解角色模型的制作方法和过程,大家是不是从中也学到不少知识呢? 学习制作角色模型在练习的过程中难免有些枯燥,但是只要坚持,一定会做出让人满意的作品。

练习

请参照给予的名称为第 7 章 toon_Project 源文件,完成大眼怪的制作。

第8章　卡通人物绑定制作

卡通人物绑定一直是动画初学者认为非常难以理解的部分。由于自然界或者非自然界当中太多的生物需要我们进行分析绑定外,我们还需要了解它们的构造。对于初学者来说绑定难以理解是非常正常的。本章通过第7章中所做的模型来学习绑定。

【项目目标】

了解绑定制作,熟悉各个属性的作用,掌握层级关系,以达到独立制作的目的。

【实例介绍】

人物的绑定有非常多的方法可以制作,这需要大量的练习和积累的经验来进行快速制作绑定方法。好的绑定作品可以使动画师使用时随心所欲,而不好的绑定作品,可能会使动画师制作动画时头疼不已。因此,我们需要更加努力地制作好绑定。

【重点】

将模块切换到动画模块。

关键帧动画

关键帧动画,就是给需要动画效果的属性。准备一组与时间相关的值,这些值都是在动画序列中比较关键的帧中提取出来的,被称为关键帧,而其他时间帧中的值称为中间帧。可以用这些关键值,采用特定的插值方法计算得到,从而实现比较流畅的动画效果。

约束动画

约束动画主要是通过命令使约束和被约束的两个物体之间产生的动画效果。

动力学动画

动力学动画又叫作动力学解算动画,通过Maya模块中动力学模块,设置物体碰撞与被碰撞的关系形成的由Maya软件自己解算的方式得到的动画效果。

表达式动画

通过表达式的编写来设置的动画运动程序。

驱动动画

驱动动画主要是通过驱动与被驱动的关系形成的动画效果。

在之前的章节中,我们接触到了键帧动画,如摄像机动画,还接触了动力学动画,如布料解算。在Maya软件中主要接触的是Maya关键帧动画。但是在如今的大型数字电影制作中,动画部分有些也是通过动画捕捉得到动态影像数据,然后传递到Maya当中。这样的制作方式会得到非常逼真的角色动作情节。例如:数字电影《金刚》中就使用到了该技术,从而获得了非常高的评价。片中金刚的扮演者安迪·瑟金斯,号称是动作捕捉第一人的演员。

骨架—关节工具

使用鼠标左键操作可创建出骨节和骨骼。

骨架—IK控制柄工具

使用鼠标左键点击骨骼中的关节可创建出IK控制手柄。

骨架—镜像关节

可以将骨骼镜像复制。

约束—点约束

被约束物体会跟随约束物体的移动而改变位置。

约束—目标约束

无论约束物体的位置发生怎样的变化，被约束物体的轴向始终会朝向约束物体的方向。

约束—方向约束

被约束物体会随约束物体的旋转而旋转。

约束—父对象

被约束物体会随约束物体的位移和旋转的改变而发生改变。

约束—极向量

只对骨骼适用。

蒙皮—绑定蒙皮—平滑绑定

可以使模型和骨骼平滑绑定在一起。

编辑—分组

可以将单个模型或者多个模型打成一个组群。

编辑—父对象

可以将模型和模型之间形成父子关系。

编辑—按类型删除—历史

可删除模型中之前使用过命令操作。

窗口—大纲视图

此命令可以更好的帮助用户看到场景内的所有物体以及物体的名称。

修改—冻结变换

可以将模型的坐标还原。

修改—居中枢轴

可将模型的坐标还原到模型的中心位置。

【实例操作讲解】

下面通过图 8-1 的标识进行制作。

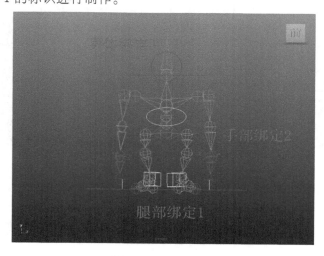

图 8-1　制作步骤图

8.1 腿部绑定

【步骤1】选择所有模型执行编辑—按类型删除—历史,并对所有模型再次执行修改—冻结变换。

【步骤2】切换到侧视图为模型的腿部创建骨骼,执行骨架—关节工具,如图8-2所示。

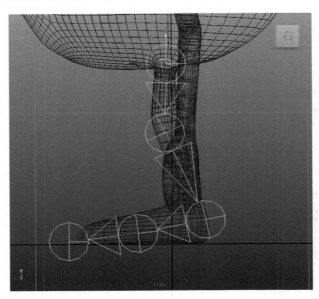

图8-2 腿部骨骼

执行显示—动画—关节大小可使骨骼的大小发生改变。

【步骤3】调整好关节大小后,再次执行骨架—骨骼命令,点击脚根部骨节创建脚根部骨骼效果,如图8-3所示。

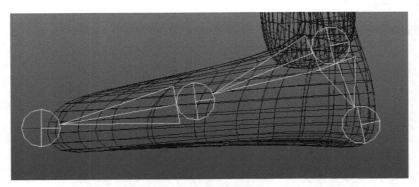

图8-3 脚掌骨骼

【步骤4】回到其他视图,将骨骼匹配到模型上,并选择骨骼的根部执行修改—冻结变换,如图8-4所示。

【步骤5】接下来为骨骼重命名,打开窗口—大纲视图,双击骨骼原名称就可以为骨骼重命名。命名的方式通常是以骨骼的创建顺序一致,如图8-5所示。

为骨骼重新命名的意义在于,为了以后镜像骨骼。

【步骤6】选择骨骼,执行骨架—镜像关节命令,将骨骼的命令更改为图片的样子,执行镜

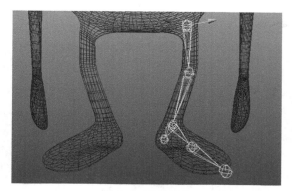

图 8-4　调整骨骼

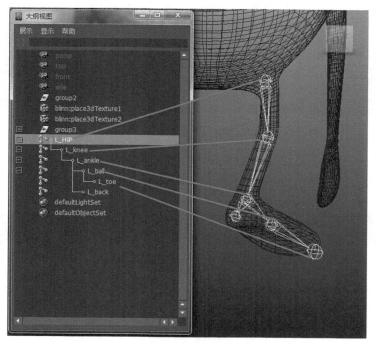

图 8-5　骨骼命名

像,就可以得到另外一边的骨骼。在大纲视图中可以看到另外一边的骨骼命名,如图 8-6
所示。

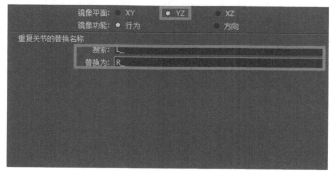

图 8-6　骨骼镜像

【步骤7】执行视图命令显示—多边形,去掉前边的勾号,将多边形模型进行隐藏,如图8-7所示。

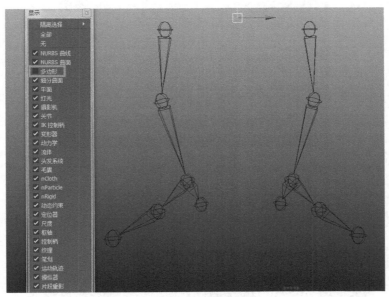

图 8-7　镜像骨骼

这样做的目的是为了更好地为模型做绑定。

【步骤8】点击命令骨架—IK 控制柄工具,将工具中当前解算器改为 iKRP,如图 8-8所示。

图 8-8　添加 IK

【步骤9】执行命令后点击根关节,再点击脚步关节就可以创建 IK 了,如图 8-9 所示。

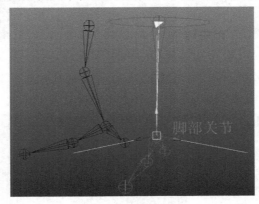

图 8-9　添加 IK

【步骤10】接下来以同样方式为脚部再创建出两个 IK,如图 8-10、图 8-11 所示。

【步骤11】将最后一个 IK 打组,点击 IK 手柄,执行 Ctrl＋G 命令,在大纲视图中可看见打组的 IK。

【步骤12】选择手柄,将手柄坐标按键盘中 Insert 键改为可编辑模式,再按 V 键吸附在

图 8-10　创建 IK

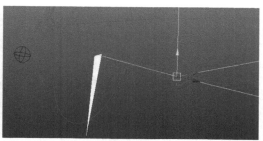

图 8-11　创建 IK

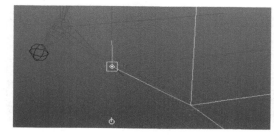

图 8-12　调整 IK 位置

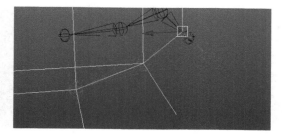

图 8-13　调整 IK 位置

脚掌中的关节上,如图 8-12 所示。

【步骤 13】在大纲视图中选择这个 IK 组再选择上面的 IK 进行打组,再将坐标按刚才的方式吸附在脚的根部关节上,如图 8-13 所示。

【步骤 14】再选择新打的组,让它与最上面的 IK 手柄进行打组,并将坐标吸附到脚趾上,如图 8-14 所示。

【步骤 15】再次将新打的组执行打组命令,并将坐标放在脚后跟的位置,如图 8-15 所示。

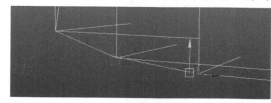

图 8-14　选择组

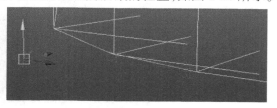

图 8-15　调整坐标

这就是 IK 的操作。

【步骤 16】最后,再打一个组,并将坐标放置在脚踝部,如图 8-16 所示。

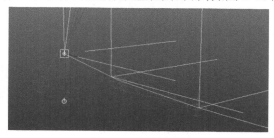

图 8-16　调整坐标

【步骤 17】接下来制作极向量控制器。创建圆环,并将圆环放置到和模型腿部匹配的位置,如图 8-17 所示。

【步骤 18】对圆环执行删除历史,冻结和将坐标还原到中心位置命令。

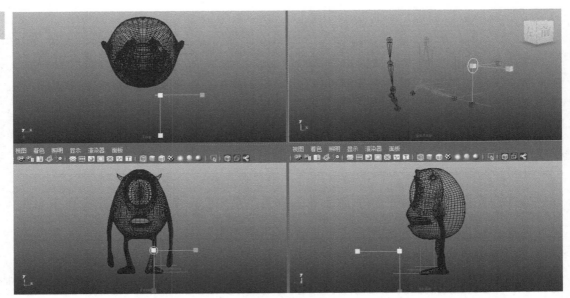

图 8-17　创建控制器

【步骤19】先选择圆环再选择腿部的 IK 向量执行约束—极向量约束，如图 8-18 所示。

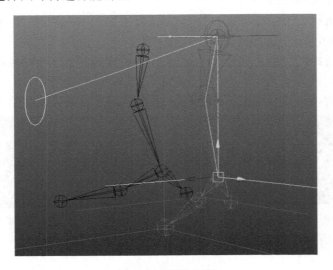

图 8-18　创建约束

移动圆环，就能看到圆环带动了腿部关节的运动。

【步骤20】为圆环控制器打组，并将组的命名改为 L_feet_grp。

【步骤21】在视图中，创建一个曲面立方体，并将状态栏中的吸附曲线打开。创建 CV 曲线，并用曲线次数为 1 线性的方式围绕曲面立方体画出立方体线，如图 8-19 所示。

画出线框后，将曲面立方体模型进行删除。

【步骤22】为线框执行删除历史，冻结和还原坐标命令后，为这个控制器打组并在视图大纲中重新进行命名，命名为 L_foot_ctr。

【步骤23】选择这个组，移动到脚跟位置，如图 8-20 所示。

【步骤24】选择根部的骨骼和这个组执行约束—方向约束，如图 8-21 所示。

这样可以使骨骼的旋转角度和控制器的相匹配，然后在大纲视图中删除掉这个约束，如

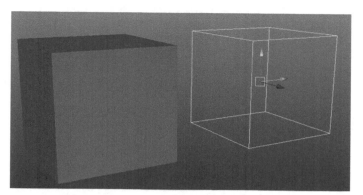

图 8-19　创建 CV 曲线

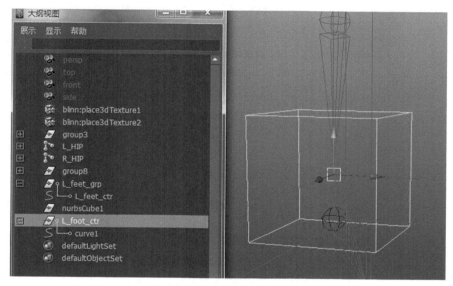

图 8-20　移动 CV 曲线

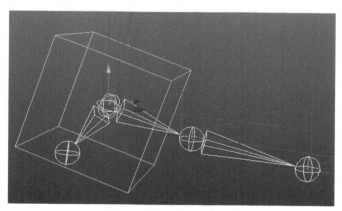

图 8-21　约束

图 8-22 所示。

将名称为 L_foot_ctr_orientconstraint1 删除掉。

【步骤 25】将控制器在点元素级别下,调整到一个脚根合适的位置上,如图 8-23 所示。

【步骤 26】接下来,将 IK 的总组和控制器做父子关系。在大纲视图中选择 IK 的总组加选

图 8-22　删除约束

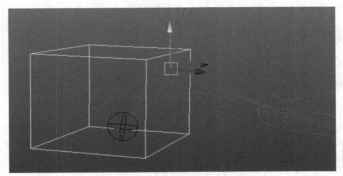

图 8-23　调整约束位置

控制器,执行键盘中的 P 键。这样控制器就能完成对腿部 IK 的控制器了,如图 8-24 所示。

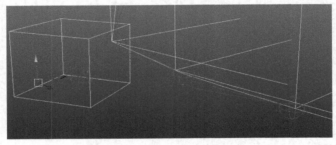

图 8-24　父子关系

将 IK 隐藏掉,为的是保持视图的干净、整洁,如图 8-25 所示。

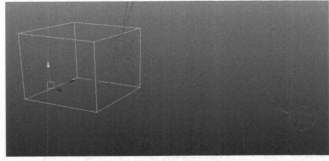

图 8-25　隐藏 IK

【步骤 27】把控制器不用的属性选中,如图 8-26 所示,并使用鼠标右键选择锁定并隐藏。

图 8-26　隐藏属性

【步骤 28】在通道栏中选择编辑—添加属性命令,如图 8-27、图 8-28 所示。

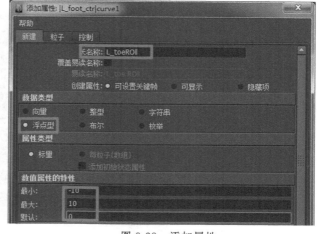

图 8-27　添加属性　　　　　　　　　　　　　图 8-28　添加属性

点击确定,这样通道栏中就有了这个属性,通过这个属性来做脚步的旋转驱动动画。

使用鼠标左键,在通道栏中选择这个新的属性。执行编辑—设置受驱动关键帧命令,如图 8-29 所示。

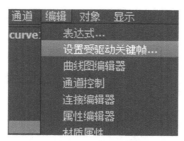

图 8-29　设置受驱动关键帧

【步骤 29】弹出驱动关键帧的对话框。我们需要在这里对属性进行驱动,将曲线属性改为加载驱动者,脚趾的控制器组改为加载受驱动项,如图 8-30 所示。

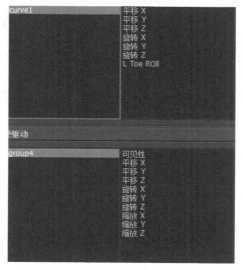

图 8-30　属性驱动

【步骤 30】选择曲线中的 L_toe roll 属性和 group4 旋转 XYZ 3 个属性,点击关键帧,如

图 8-31 所示。

图 8-31 驱动关键帧

【步骤31】选择曲线将通道栏中的 L_toe roll 属性改为－10 点,击驱动关键帧中的关键帧命令,并将 group4 中的旋转 XYZ 3 个值进行调整,调整骨骼的极限位置。再次点击驱动关键帧中的关键帧命令,如图 8-32 所示。

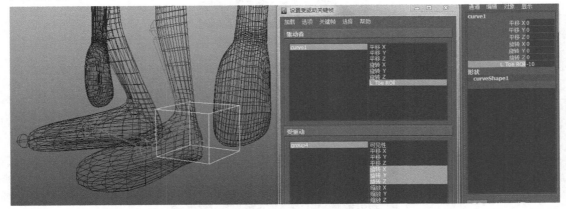

图 8-32 驱动关键帧

【步骤32】再次选择通道栏中的 L_toe roll 属性改为 10 点击驱动关键帧中的关键帧命令,并将 group4 中的旋转 XYZ 3 个值调整成反方向的骨骼的极限位置。再次点驱动关键帧中的关键帧命令,如图 8-33 所示。

这样,选择控制器就可以控制脚趾骨骼的旋转了。

【步骤33】接下来,制作脚腕部的旋转,制作方式和制作脚趾的一样。首先添加属性,如图 8-34 所示。

【步骤34】将新添加的属性调入驱动关键帧的属性中,并将 group5 也调入驱动关键帧的属性中,如图 8-35 所示。

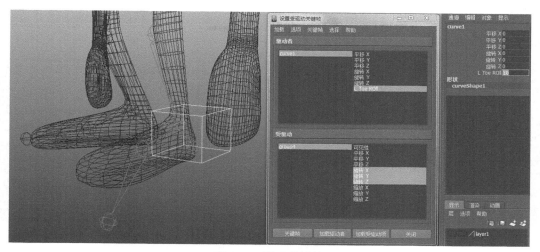

图 8-33   驱动关键帧

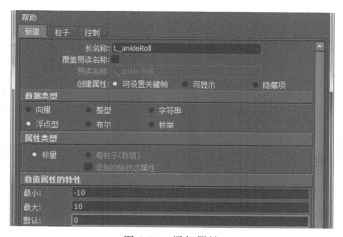

图 8-34   添加属性

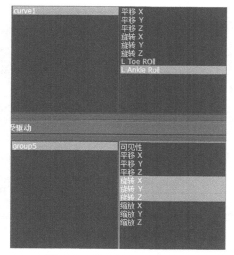

图 8-35   设置受驱动关键帧

让刚才新加入为 L_ankleRoll 属性和 group5 的旋转 XYZ 属性在原始参数上点击关键帧。

再将 L_ankleRoll 改为 10 和 group5 的旋转 *XYZ* 调整骨骼的极限值分别进行关键帧，如图 8-36 所示。

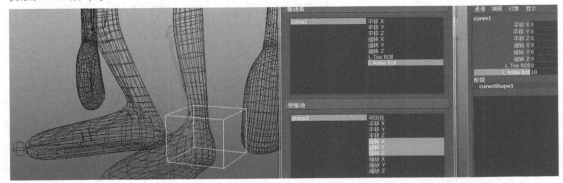

图 8-36　驱动关键帧

再将 L_ankleRoll 改为 −10 和 group5 的旋转 *XYZ* 调整骨骼的极限值分别进行关键帧，如图 8-37 所示。

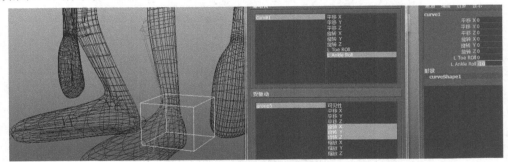

图 8-37　设置受驱动关键帧

这样，控制器就能够控制脚踝的上下旋转了。

接着，制作脚踝左右部分的旋转。操作和上面的一样，先要添加属性，如图 8-38 所示。

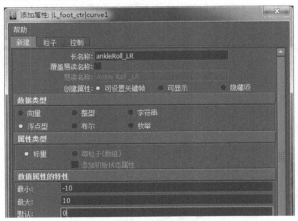

图 8-38　添加属性

【步骤 35】对新的属性和 group5 进行制作驱动关键帧，如图 8-39 所示。

当 Ankle_RollLR 属性参数改为 10 的时候，点击关键帧。group5 的调整到骨骼极限值，也点击下关键帧，如图 8-40 所示。

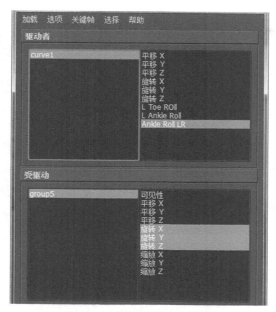

图 8-39　设置受驱动关键帧

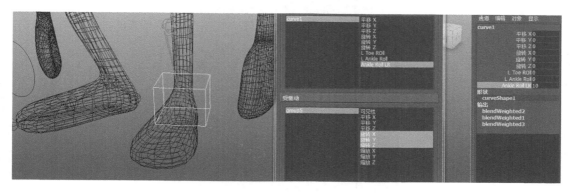

图 8-40　驱动关键帧 1

当 Ankle_RollLR 属性参数改为－10 的时候,点击关键帧。group5 的调整到骨骼极限值,再次点击下关键帧,如图 8-41 所示。

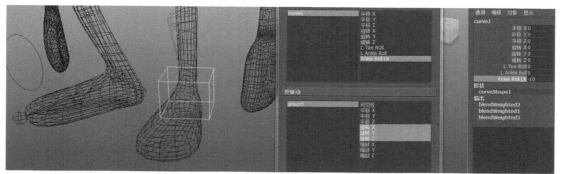

图 8-41　驱动关键帧 2

【步骤 36】按照同样的思路,制作脚部的上踮脚的属性,如图 8-42 所示。

将新属性和 group6 在默认状态中制作驱动关键帧,如图 8-43 所示。

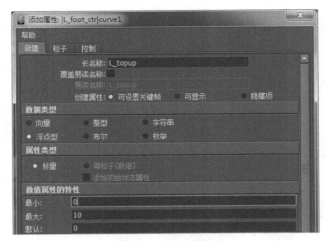

图 8-42　添加属性

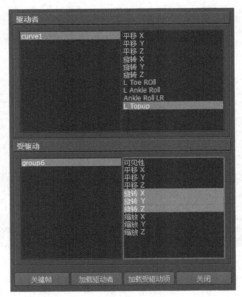

图 8-43　设置受驱动关键帧

但是抬脚没有负值,因此只需要在 L_topup 参数为10,点击关键帧,在 group6 更改骨骼的极限值进行关键帧就可以了,如图 8-44 所示

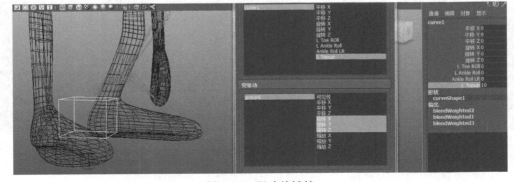

图 8-44　驱动关键帧

【步骤37】接着,制作脚踝部分上、下抬脚的属性,如图 8-45 所示。

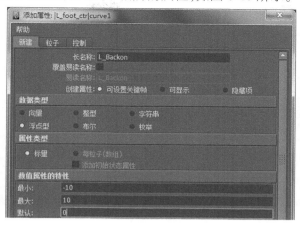

图 8-45　添加属性

在名称为 L_Backon 和 group7 默认参数下进行关键帧,如图 8-46 所示。

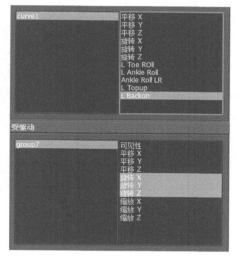

图 8-46　设置受驱动关键帧

在 L_Backon 参数－10 的状态下和 group7 XYZ 调整为骨骼极限,点击关键帧,如图 8-47
所示。

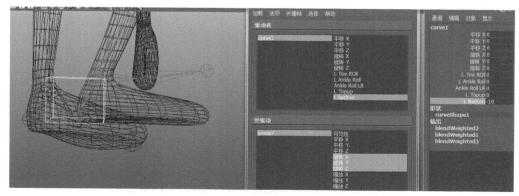

图 8-47　驱动关键帧 1

在 L_Backon 参数 10 的状态下和 group7 XYZ 调整为骨骼极限,再次点击关键帧,如图 8-48 所示。

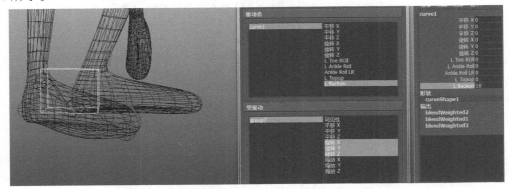

图 8-48　驱动关键帧 2

【步骤 38】最后,将 IK 控制器和腿部的极向量进行点约束。选择 IK 控制器加选圆环组,执行约束—点约束,勾选保持偏移选项,如图 8-49 所示。

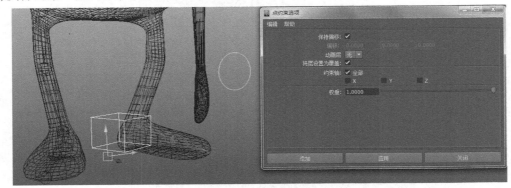

图 8-49　设置点约束

这样,IK 控制器就可以控制腿部的极向量了。

8.2　手臂绑定

【步骤 1】首先,为场景内的模型架设骨骼,并将骨骼的位置和模型进行匹配,如图 8-50 所示。

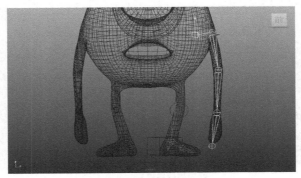

图 8-50　手臂骨骼

完成后,将这些骨骼在大纲视图中重新进行命名,如图 8-51 所示。

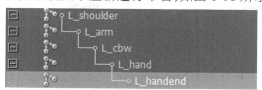

图 8-51　骨骼命名

【步骤 2】为刚刚创建的骨骼加入 IK,还是使用 RPIK,如图 8-52 所示。

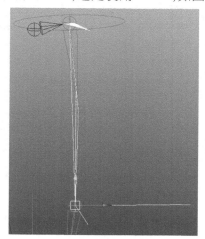

图 8-52　创建骨骼 IK

【步骤 3】重新创建一个立方线框的控制器,为它进行打组,并重新命名,如图 8-53 所示。

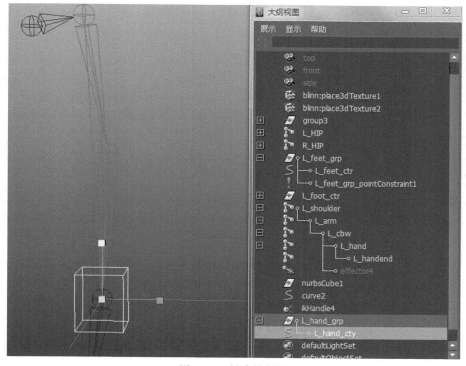

图 8-53　创建控制器

【步骤4】将控制器精准地移动到腕部骨骼上。选择腕部骨骼加选控制器组,执行约束—点约束。完成后,需要在大纲视图中将点约束的命令删除掉,如图 8-54 所示。

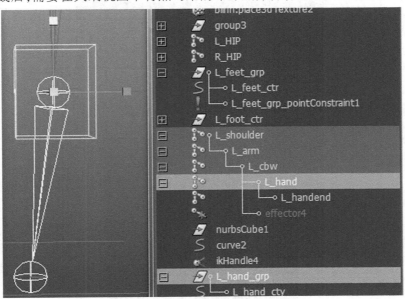

图 8-54　约束 1

【步骤5】创建圆环,把它调整到手臂合适的角度,制作手臂的极向量控制器的约束。对刚刚创建出的圆环清零,去除历史并将坐标轴还原中心点。选择圆环加选 IK 控制器,执行约束—极向量约束,如图 8-55 所示。

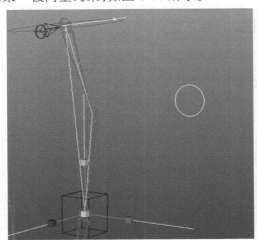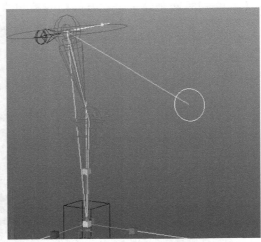

图 8-55　约束 2

在大纲视图中为圆环更改命名,命名为 L_hand_pv_ctr。

【步骤6】选择控制器,加选 IK,执行约束—点约束,并勾选保持偏移属性,如图 8-56 所示。

【步骤7】选择控制器加选骨骼,执行约束—方向约束,勾选保持偏移,如图 8-57 所示。让控制器点约束 IK,控制器约束腕部骨骼的旋转。

【步骤8】创建 3 个圆环 FK 控制器,创建完成后进行清零,去除历史并将坐标轴还原中心点,对每个圆环打组,并要从大纲视图中重新命名,如图 8-58 所示。

完成后,将组点约束到相应的位置上。选择相应的骨骼再加选组执行约束—点约束,最

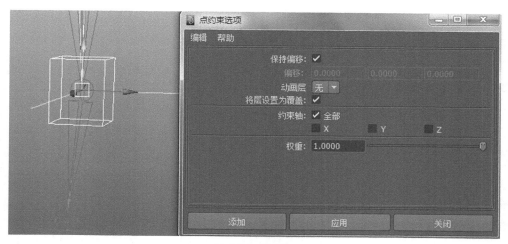

图 8-56 约束 3

图 8-57 约束 4

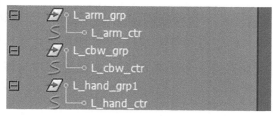

图 8-58 为控制器命名

终如图 8-59 所示。

完成后,要把大纲视图中的点约束历史删除掉。

【步骤9】再次选择各节骨骼和这些控制器组,执行约束—方向约束。这样做的目的是为了能够让控制器和骨骼之间的方向一致,如图 8-60 所示。

【步骤10】使用点元素下调整圆环的位置,如图 8-61 所示。

(注意:在点元素下进行调节不会改变模型的位移、旋转和缩放参数。)

【步骤11】接着,使用这些控制器约束它们相应的骨骼。选择各个圆环加选相应骨骼执行约束—方向约束,并勾选方向约束中的保持偏移,如图 8-62~图 8-64 所示。

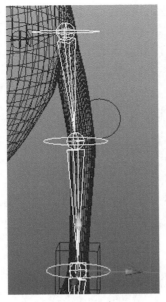

图 8-59　约束 5

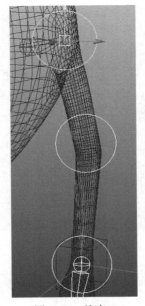

图 8-60　约束 6

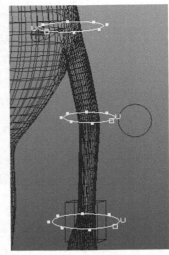

图 8-61　调整控制器位置

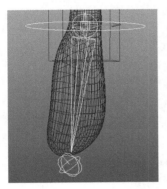

图 8-62　约束手部控制器

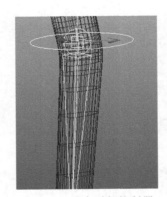

图 8-63　约束肘部控制器

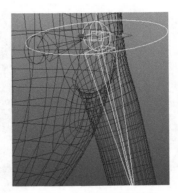

图 8-64　约束肩部控制器

　　这样做完后,将腕部控制器组 P 给肘部控制器,再将肘部控制器组 P 给肩部控制器,如图 8-65 所示。

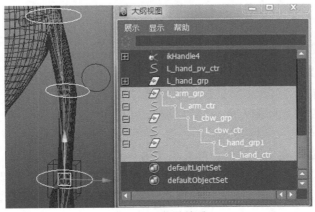

图 8-65　父子关系

【步骤12】接下来,为 IKFK 做个转换器,如图 8-66 所示。

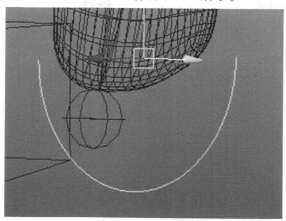

图 8-66　IKFK 转换器

并对这个转换器的所有属性进行隐藏。隐藏命令可以回到腿部绑定中寻找答案。

【步骤13】为这个转换器创建一个名称为 IKFK 的属性,如图 8-67 所示。

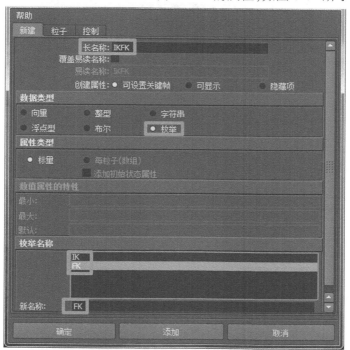

图 8-67　添加转换属性

通过驱动的方式,将 IK 手柄中的 IK 混合导入受驱动项,如图 8-68 所示。

【步骤14】选择 IKFK 转换器曲线,将它作为加载驱动者,如图 8-69 所示。

在 IK 状态下混合属性 1 的时候对 IK 混合和转换器进行关键帧,如图 8-70 所示。

将转换器改为 FK,IK 混合调整为 0 的时候,再次关键帧驱动,如图 8-71 所示。

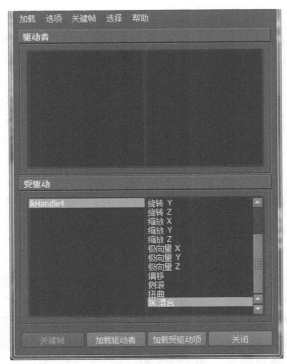

图 8-68　受驱动

图 8-69　加载驱动器

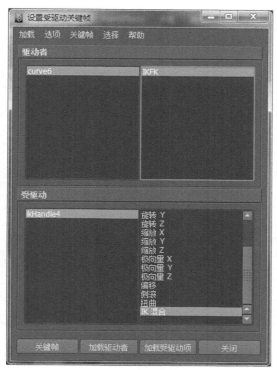

图 8-70　驱动关键帧

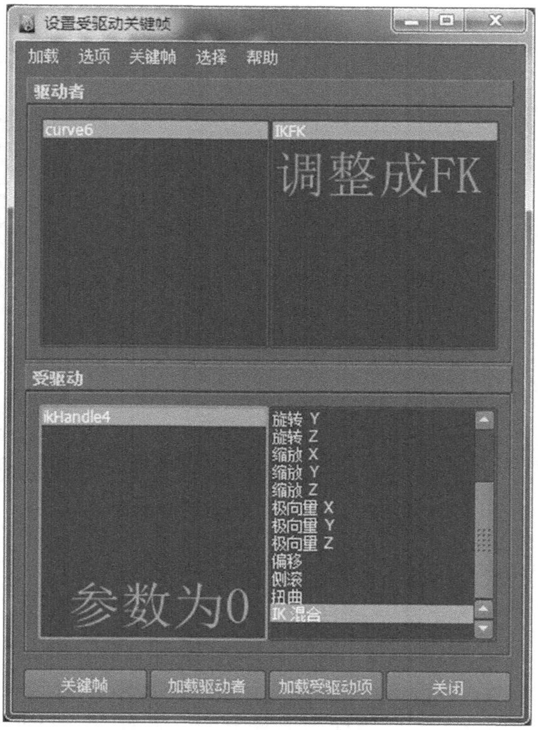

图 8-71　设置关键帧驱动 1

【步骤15】在大纲视图中找到 L_hand_orientConstraint1 加载到受驱动项中,选择 L_ Hand ctr wo 改为 0,L_Hand ctr wo 改为 1 时,将转换器为 FK 状态,进行关键帧,如图 8-72 所示。

图 8-72　设置驱动关键帧 2

【步骤16】再将选择 L_Hand ctr wo 改为 1,L_Hand ctr wo 改为 0 时,将转换器为 IK 状态,进行关键帧。

【步骤17】在大纲中,选择其他的约束节点进行驱动。L_arm_orientConstraint1 节点加载到受驱动项,转换器为 IK 状态,将 L_Arm ctr w0 设为 0,进行关键帧,如图 8-73 所示。

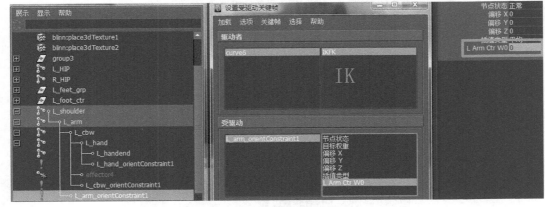

图 8-73　设置受驱动关键帧 3

【步骤18】再次选择这个节点约束节点进行驱动。L_arm_orientConstraint1 节点加载到受驱动项,转换器为 FK 状态,将 L_Arm ctr w0 设为 1,进行关键帧,如图 8-74 所示。

【步骤19】在大纲中,选择其他的约束节点进行驱动。L_cbw_orientConstraint1 节点加载到受驱动项,转换器为 IK 状态,将 L_cbw ctr w0 设为 0,进行关键帧,如图 8-75 所示。

　L_cbw_orientConstraint1 节点加载到受驱动项,转换器为 FK 状态,将 L_cbw ctr w0 设为 1,进行关键帧,如图 8-76 所示。

这样我们就做了 IK 和 FK 相互切换的过程。

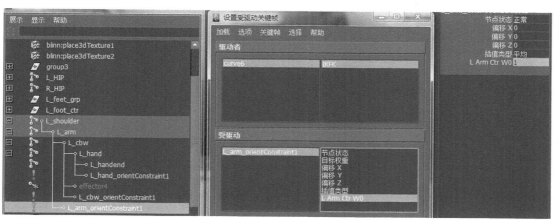

图 8-74　设置受驱动关键帧 4

图 8-75　设置受驱动关键帧 5

图 8-76　设置受驱动关键帧 6

【步骤 20】下面要将控制器的隐藏属性进行驱动,在 IK 状态下将控制器 FK 的控制器隐藏掉,在 FK 的状态下将 IK 的控制器隐藏掉。

【步骤 21】为极向量控制器打组重新命名为 L_hand_pv_grp。先选择 IK 控制器,再选择极向量组。执行约束—点约束,勾选保持偏移属性,如图 8-77 所示。

转换器为 FK 时,FK 属性显示。对转换器 FK 作为驱动者和 L_arm_grp 的可见性启用

图 8-77　约束

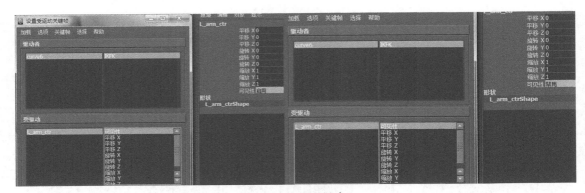

图 8-78　IKFK 驱动 1

为作为受驱动者进行关键帧。反之,同理。如图 8-78 所示。

转换器为 IK 时,FK 属性关闭。对转换器 FK 作为驱动者和 L_hand_cty 和 L_hand_pv _ctr 的可见性禁用为作为受驱动者进行关键帧。反之,同理。如图 8-79 所示。

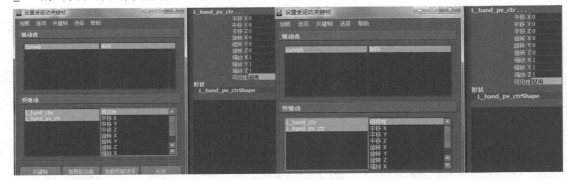

图 8-79　IKFK 驱动 2

【步骤 22】将控制器中所有用不到的属性使用鼠标右键锁定并隐藏。

【步骤 23】创建圆环为肩部控制器。将打组并为控制器的重新命名为 L_shoulder_grp, 将圆环调整到和骨骼想匹配的位置,另外要将圆环形状更改,如图 8-80 所示。

【步骤 24】选择圆环加选 L_shoulder 骨骼,执行约束—方向约束,勾选保持偏移属性,如图 8-81 所示。

这样,肩部的绑定就完成了。

图 8-80　创建肩部控制器

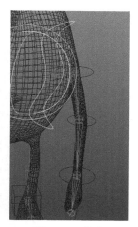

图 8-81　约束

8.3　身体绑定

【步骤1】为大眼仔的身体制作骨骼，从下往上依次创建，如图 8-82 所示。

【步骤2】嘴部的骨骼，如图 8-83 所示。

【步骤3】让嘴部的骨骼成为身体骨骼的子物体，如图 8-84 所示。

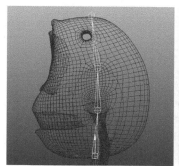

图 8-82　脊柱骨骼

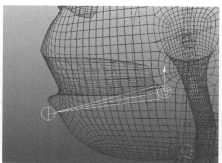

图 8-83　嘴部骨骼

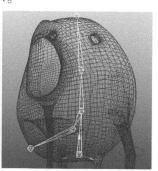

图 8-84　身体骨骼

【步骤4】在大纲视图中为骨骼重新命名，如图 8-85 所示。

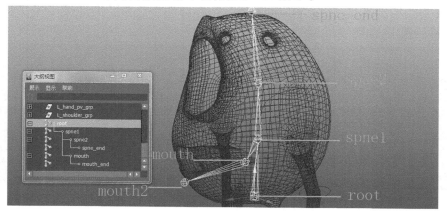

图 8-85　骨骼命名

【步骤5】为骨骼创建控制器,创建三个圆环,把这三个圆环移动到骨骼的相应位置,如图8-86所示。

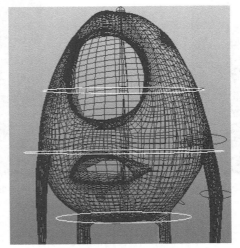

图 8-86　创建控制器

【步骤6】接着,要对三个圆环实行删除历史、坐标重置和冻结命令,并在大纲视图中为它们重新命名,如图8-87所示。

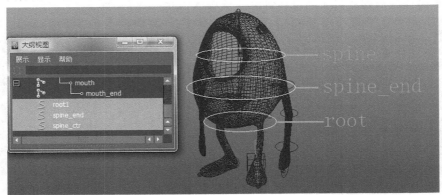

图 8-87　控制器命名

【步骤7】用控制器方向约束相应的骨骼。选择圆环加选骨骼执,行约束—方向约束,勾选保持偏移的选项,如图8-88所示。

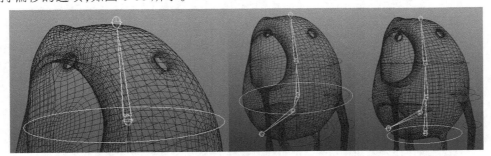

图 8-88　约束

【步骤8】接着,按照同样的方法执行约束—点约束,约束相应的骨骼,注意要将点约束中的保持偏移选项勾选上。

【步骤9】将控制器打组使它们成为下个骨骼中的子物体。选择控制器组加选下节骨骼，点击键盘中 P 键，如图 8-89 所示。

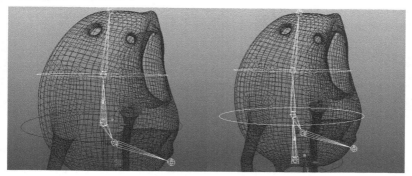

图 8-89　父子关系

可以再次选择控制器，会发现控制器之间建立了关系。

【步骤10】再次创建圆环，作为嘴部的控制器。对圆环和嘴部的骨骼执行约束—方向约束，先选择骨骼再加选圆环，执行命令，如图 8-90、图 8-91 所示。

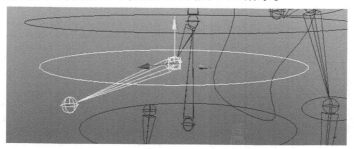

图 8-90　创建控制器

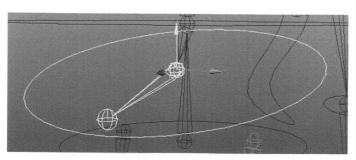

图 8-91　调整控制器

【步骤11】在大纲中将方向约束的节点删除，并对圆环实行删除历史、坐标重置和冻结命令。在点元素下对圆环调整形态，并在大纲视图中将曲线重新进行命名，命名为 mouth_ctr，如图 8-92 所示。

【步骤12】选择嘴部控制器加选骨骼，执行约束—父对象，如图 8-93 所示。

【步骤13】再将嘴部的控制器打组，让它成为上个骨骼的子物体，如图 8-94 所示。

【步骤14】身体和嘴部的绑定先到这儿，要将腿部和肩膀的骨骼成为身体的子物体，如图 8-95 所示。

【步骤15】再将锁骨的关节成为身体的第二节骨骼的子物体，如图 8-96 所示。

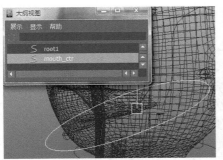

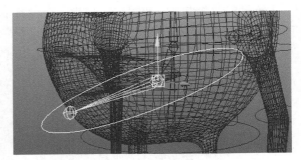

图 8-92　控制器命名　　　　　　　　　图 8-93　约束

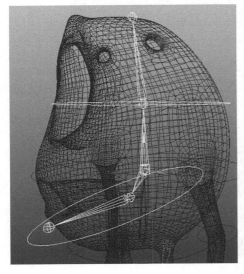

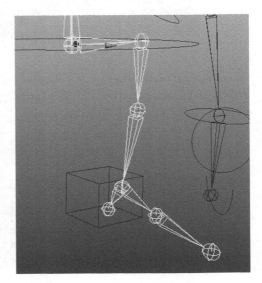

图 8-94　打组　　　　　　　　　图 8-95　合成全身骨骼

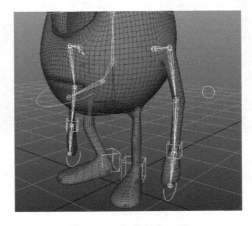

图 8-96　合成全身骨骼

8.4　眼球控制器

【步骤1】用创建骨骼工具创建一个关节,并选择眼球加选关节执行约束—点约束。再将这个点约束节点在大纲中删除,并对这个关节重命名为 eye。

【步骤2】将眼睛和这个关节先做蒙皮。选择眼球加选关节,执行蒙皮—绑定蒙皮—平滑绑定,如图 8-97 所示。

【步骤3】将这个关节成为身体的第二个关节的子物体,如图 8-98 所示。

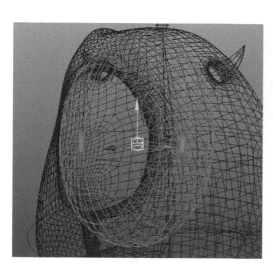
图 8-97　蒙皮

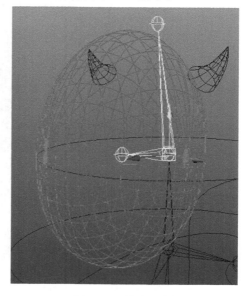
图 8-98　创建眼球骨骼

【步骤4】再次创建一个圆环作为眼球的移动控制器,实行删除历史、坐标重置和冻结命令。选择控制器加选关节执行约束—目标约束,在执行约束时,将保持偏移进行勾选,如图8-99 所示。

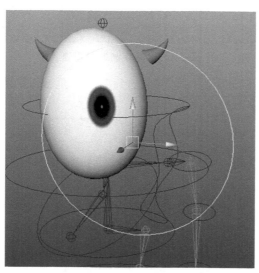
图 8-99　创建眼球控制器

【步骤5】这时,移动控制器就可以看到眼球也跟着一起运动了,在大纲视图中将控制器打组重新命名为 eye_grp,并将这个组作为身体的第三个骨骼的子物体,如图 8-100 所示。

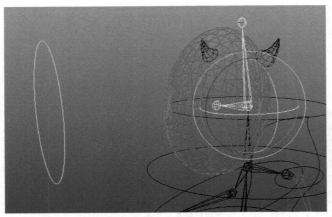

图 8-100　父子关系

8.5　总控制器

【步骤 1】创建一大一小两个圆环,执行实行删除历史、坐标重置和冻结命令,将小圆环成为大圆环的子物体,并在大纲视图中命名为 body_all,如图 8-101 所示。

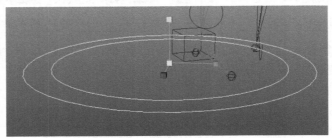

图 8-101　总控制器的创建

【步骤 2】选择名称为 root 的根关节对它进行打组并重新命名为 BONE,将 bone 组成为小圆环的子物体,如图 8-102 所示。

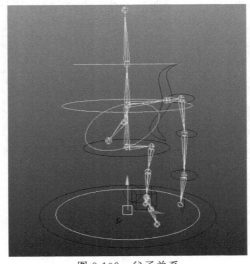

图 8-102　父子关系

【步骤3】在创建一个新的组,将控制器都放在这个组里,再将这个组也让它成为小圆环为子物体,如图 8-103 所示。

【步骤4】为 IK 作为一个组,让这个组也成为小圆环的子物体,如图 8-104 所示。

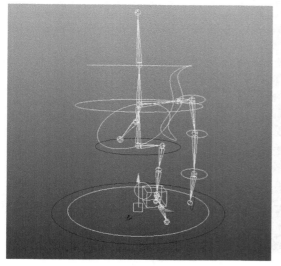 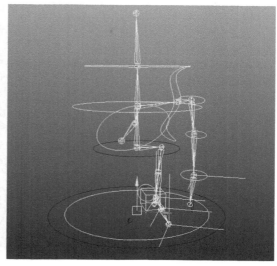

图 8-103　父子关系　　　　　　　　　　图 8-104　父子关系

这样,大纲视图就干净了许多,如图 8-105 所示。

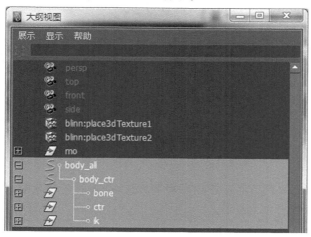

图 8-105　大纲视图

8.6　蒙皮

选择骨骼加选模型,执行蒙皮—绑定蒙皮—平滑绑定。选择平滑绑定后的拓展菜单,在规格化权重里选择交互式方式,如图 8-106 所示。

按照以上步骤,角色就绑定完成了。由于绑定好的骨骼无法左右复制,因此,只能复制骨骼再将复制的另外一半进行绑定。

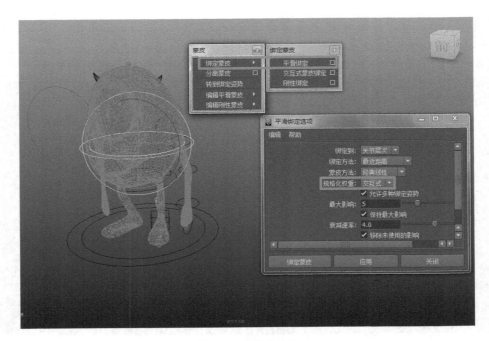

图 8-106　蒙皮命令

项目小结

　　本章主要是通过大眼仔模型熟悉绑定的流程。对于初学者,绑定是进入动画学习的难点,对控制器的绑定以及骨骼如何进行制作等问题非常的头疼。这里建议大家当拿到新的模型时,可以先不要对模型进行制作,应先分析骨骼架构,再制作。可以参照本章的绑定教学视频进行学习。

练习

　　将本例角色中右边的腿部和肩膀进行绑定完成,并通过教学视频(第 8 章视频文件夹名称为 body 的视频)了解权重的绘制。

在制作行走动画时,应当注意的是节奏和时间,这对于初学者可能并不是很好把握。但是,可以多看些好的动画片或者常常跟着一起临摹,通过时间的积累便能够熟练地掌握了。

【项目目标】

熟悉运动规律,了解如何制作动画过程。

【实例介绍】

本章案例主要是学习使用绑定好的人物制作走路动画效果。

【重点】

将模块切换到多边形模块。

时间与步调的区别

时间与步调是动画设计的两大关键要素。时间在这里指一个连续动作持续的时长,而步调则包含了动作的每个阶段的具体节奏。这一点在定帧动画中体现得可能更为直接,即它直接反应在帧的排列上。一段时长的动作对应固定的帧数,这是动画制作之初由单位时间帧数决定了的。而对于步调而言,则指的是连续动作的快慢变化,在关键帧与关键帧之间距离上的体现。动作缓慢时关键帧之间的帧数会较多,而快速时则关键帧之间距离更近。例如:一个弹性的小球掉落在地面上并向前跳跃的过程。第一段落地并弹起时,因为能量较大,所以反弹较快较高,临近反弹最高点时变慢,然后再次快速下落。第二次弹起时过程和第一次相似,但是向前跳跃的距离变短。以此类推,直到弹出画面之外或静止。每次弹跳的时长综合就是我们所说的"时间"。而对于快慢缓急的关键帧则是按照其出现的时间进行安排的,是可以在整段时长中不均匀分布的,这就是我们所要注意的"步调"。当然,在物体运动为匀速的时候,时间与步调在帧数体现上是同步的。简言之,时间和步调这两个动画设计中的概念,概括了描述动画运动规律的最为重要的两个方面,即动作的持续时间和快慢变化。而真正让动作显得更为生动真实,甚至体现形象质量感的关键在于对于步调的把握。

帧

帧就是影像动画中最小单位的单幅影像画面,相当于电影胶片上的每一格镜头。一帧就是一幅静止的画面,连续的帧就形成动画,如电视图象等。每一帧都是静止的图象,快速连续地显示帧便形成了运动的假象。

任何动画要表现运动或变化,至少前后要给出两个不同的关键状态,而中间状态的变化和衔接电脑可以自动完成。在三维软件中,表示关键状态的帧叫作关键帧。而在两个关键帧之间,电脑自动完成了过渡画面的帧称为过渡帧。

让我们来举个例子,来做具体说明,如图 9-1 所示。

关键,也就是叙述故事的画面,或者呈现发生情形的位置。显而易见,人物往前走,所以我们制作脚接触地面时的接触位置。如果我们以动作来表达一切,可能发现画面中人物走了 5 步到达粉笔处,然后弯腰,这样做可以使上面的关键部分变得更加具体,也能使动画变得更加流畅,如图 9-2 所示。

最后需要细分,这里可以把那些帧数称为细分帧数。在三维软件中一般在形成了两个

图 9-1　二维关键帧图 1

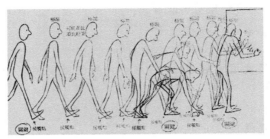

图 9-2　二维关键帧图 2

以上的关键帧之后,中间的过度帧会由软件自动计算,如图 9-3 所示。

图 9-3　二维细分帧

帧速率

　　帧速率是指每秒钟刷新的图片的帧数,也可以理解为图形处理器每秒钟能够刷新几次。对影片内容而言,帧速率指每秒所显示的静止帧格数。要生成平滑连贯的动画效果,帧速率一般不小于 8,而电影的帧速率为 24fps(Frames Per Second)。高的帧速率可以得到更流畅、更逼真的动画。每秒钟帧数愈多,所显示的动作就会愈流畅。

　　在电影电视节目制作中常见的帧速率主要有 24fps,以及中国大陆的 PAL 制 25fps、美国 NTSC 制 30fps 等几种帧速率选项模式。

　　PAL 制又称为帐尔制。PAL 是英文 Phase Alteration Line 的缩写,意思是逐行倒相,也属于同时制。它对同时传送的两个色差信号中的一个色差信号采用逐行倒相,另一个色差信号进行正交调制方式。PAL 电视标准,每秒 25 帧,标准的数字化 PAL 电视标准分辨率为 720×576,24 比特的色彩位深,画面的宽高比为 4∶3,PAL 电视标准用于中国、欧洲等国家和地区。

　　NTSC 是 National Television Standards Committee 的缩写,意思是"(美国)国家电视标准委员会"。每秒 29.97 帧(简化为 30 帧),标准的数字化 NTSC 电视标准分辨率为 720×480 像素,24 比特的色彩位深,画面的宽高比为 4∶3 或 16∶9。NTSC 电视标准用于美、日等国家和地区。

时间和节奏

正确的运动规律要加上时间和节奏的配合才能制作好的动画。这里时间指的是总的时间长度。节奏是指在总的时间上设置了物体的运动,这些运动连起来时最终会体现出该段动画的节奏感。我们以钟摆来进行说明,如图9-4～图9-6所示。

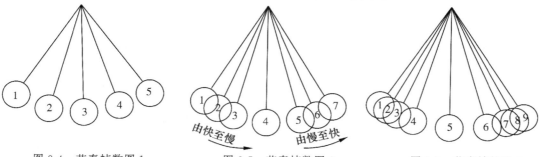

图9-4　节奏帧数图1　　　　图9-5　节奏帧数图2　　　　图9-6　节奏帧数图3

注意看这三张图片,第一张总时长是5帧,而每个关键帧都是1帧。第二张总时间长为7帧,它的运动节奏是 ┼┼┼┼。第三张图片总时间长度为9帧,它的运动节奏为 ,其中第2帧和第8帧为过渡帧。大家是否能够体会到什么是节奏了呢?

当我们理解了这些动画知识之后,就可以接着看常用的命令了。但在学习命令之前,要仔细观察身边的人或者动物的运动和运动规律,以便接下来制作动画及熟悉动画流程。

动画参数预设

在对动画进行制作之前,需要对当前场景中的动画制作和播放参数等进行设置。执行 (动画首选项)时间滑块下,将播放速度改为实时24fps,将选项勾选时间码,如图9-7所示。

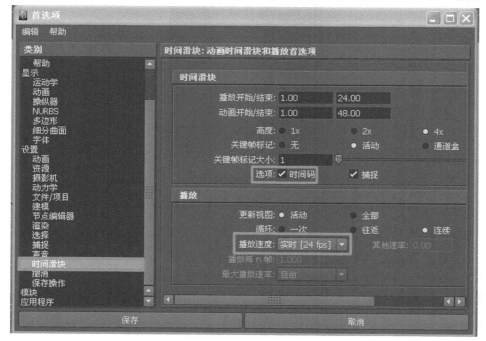

图9-7　首选项

当勾选上时间码之后时间滑条中显示出当前时间滑条所在位置的时间,方便观察。

制作关键帧动画

在场景中创建多边形平面作为地面,创建曲面球体模型,让小球原地跳动,如图9-8所示。

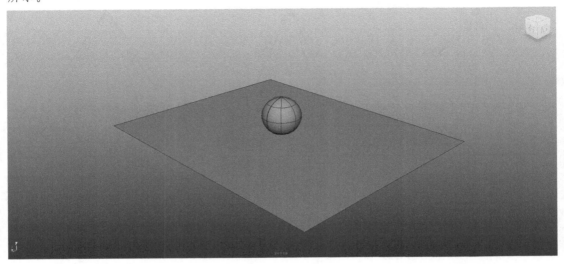

图9-8　创建模型

将动画时间长度和时间轴显示范围设置为60帧,选中球体,通道栏中出现了球体的平移、缩放和旋转的属性。如果原地跳动,注意球体轴向应该是朝Y轴向进行跳动,如图9-9所示。

图9-9　坐标

找到通道栏中平移Y轴向并选中,鼠标右键选择为选定项设置关键帧,并单击自动记录关键帧选项 ,这时已经在第1帧上记录了球体平移Y轴向的运动。

在单击范围滑块右侧的 按钮开启自动记录关键帧之前,必须为对象手动添加一个关键帧,这样软件才会对该参数进行关键帧自动记录,如图9-10所示。

图9-10　时间滑块

将时间针调整到第10帧的位置上,将球体Y轴向平移参数改为15,输入完成后按回车键进行确定,这时 10 帧上将会自动记录关键帧。如果自动关键帧没有开启,这里将没有记录,如图 9-11 所示。

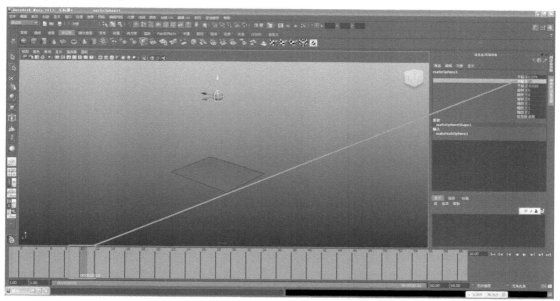

图 9-11 记录关键帧

将帧数调整到第 20 帧上,将球体还原到地面上,按回车键确定最终数值。也可以参照之前的数值将平移 Y 轴向改为原来的球体落地的数值,如图 9-12 所示。

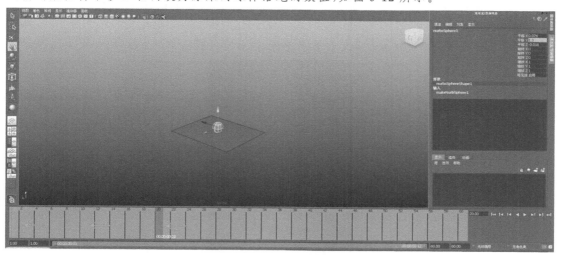

图 9-12 关键帧位置

这时,播放时间滑条会出现小球弹跳的效果,但由于帧数太少,小球看上去弹跳不真实。所以可以每隔 10 帧对小球进行制作关键帧。

再到 30 帧数上,让小球 Y 轴向平移,平移参数为 10,按回车键确定最终数值。到 40 帧上将小球还原成之前在地面上的参数,按回车键确定最终数值。到 50 帧上将小球 Y 轴向平移参数改为 5,按回车键确定最终数值。到 60 帧上将参数调为之前落地的参数,按回车键确定最终数值。这样,就制作了一段小球原地弹跳的动画效果,总共是 7 个关键帧,如图 9-13 所示。

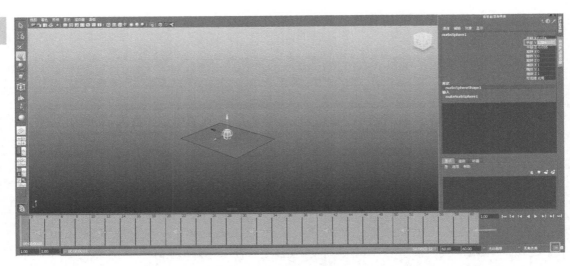

图 9-13　关键帧位置

　　单击播放按钮,对动画效果进行预览。可以参照第 9 章 Maya 视频中名称为小球跳动视频继续进行学习。

删除属性中所记录的关键帧

　　在对对象设置关键帧动画后,可以有选择地删除某些属性上产生的动画。打开第 9 章 Maya 文档中名称为 jump_ball.mb 文件。

　　选择场景中曲面球体,这时通道栏中会出现曲面球体在平移 Y 轴向上的关键帧属性。选择该属性按鼠标右键执行断开连接,这样可以删除所选属性上记录的关键帧。

删除单个关键帧

　　在时间滑条中选择关键帧鼠标右键执行删除,这样可以删除单个关键帧,如图 9-14 所示。

图 9-14　删除关键帧

删除多个关键帧

　　按 Shift 键和鼠标左键选择关键帧,会出现红色标记,如图 9-15 所示。

图 9-15　多选关键帧 1

如图 9-16 所示，能看到红色标记中有内侧箭头和外侧箭头，拖动外侧箭头可以增大关键帧范围，然后点击鼠标右键执行删除可以达到删除多个关键帧的目的。当用 Shift 键和鼠标左键选择关键帧大范围关键帧时，拖动内侧箭头可以移动多个关键帧位置，选择外侧箭头可以缩放关键帧范围，如图 9-17～图 9-19 所示。

图 9-16　多选关键帧 2

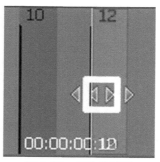

图 9-17　多选关键帧 3

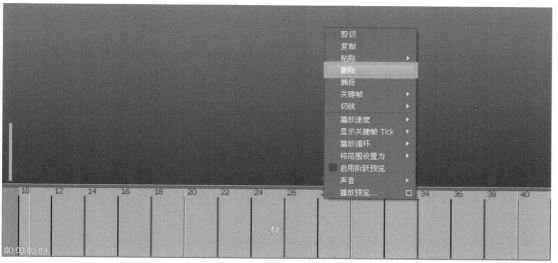

图 9-18　删除多个关键帧

缩放多个关键帧

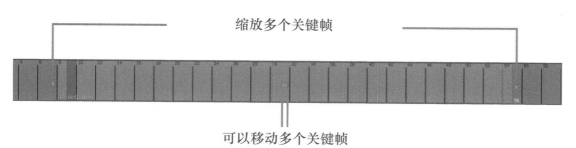

可以移动多个关键帧

图 9-19　移动多个关键帧

复制、粘贴关键帧

将时间拖动到指定关键帧标记的位置，按下鼠标右键，在弹出的编辑菜单中执行复制，然后将时间拖动到所要粘贴的位置,再次按下鼠标右键执行粘贴。这样可以对关键帧反复,如图9-20所示。

图9-20　复制关键帧

不可设置关键帧属性

在对对象进行关键帧动画制作时,可以将确定不进行关键帧记录的属性进行设置,以防止操作失误而产生不必要的属性关键帧动画。

在新的场景中,选择曲面球体对象,在通道栏中选择平移 $X\backslash Y\backslash Z$ 属性,按下鼠标右键执行使选定项不设置关键帧。这样通道栏中所选择的属性将变成灰色。

选择球体将时间放在第1帧上,按下S键(S键是对物体的所有属性Key帧的快捷键),会发现其他通道栏中其他选项会记录关键帧,而只有平移 $X\backslash Y\backslash Z$ 为灰色,是不可以设置关键帧的。

动画样品播放预览

动画样品播放测试主要用于检测当前场景中所制作动画的实际输出效果。

在较为复杂的场景中单击时间滑条右侧的 ▶ 按钮对动画进行实时预览,往往出现由于计算量大而导致的卡帧的现象,这样对正常观察动画效果造成了很大困难。而动画样品播放预览首先集中输出成样品再调用播放器来进行播放。

播放预览不提供灯光效果的渲染,只是使用场景默认灯光下的初级渲染效果。

播放预览使用

打开第9章Maya文档下名称为ball.mb的文件,单击时间滑条上任意一帧鼠标右键打开 播放预览... □ 后的方框 ■,会弹出播放预览选项,通常设置以下几项,如图9-21所示。

视图方式进行预览,文件格式为视频格式AVI,质量调大到最大,显示大小是渲染设置中的默认选项。当然,也可以自定义或者以窗口大小来进行设定,缩放决定生成样品的大小,可以使用默认值,帧填充改成了最大,这样输出的预览视频会流畅一些。开启保存到文件可以在浏览中选择想要的路径进行保存。按下播放预览按钮就可以形成一段由视图输出的预览图像了。

运动规律

将所有的控制器参数还原为0,这样做可以将人物姿势还原成最初形态。在做动画之

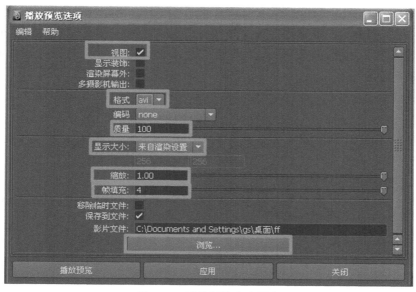

图 9-21　播放预览命令设定

前,除了要对人物的控制器有一定的了解之外,还需要知道行走动画的运动规律,这需要多观察。人在行走的时候,每个人的行走节拍都是不一样的,这也就是为什么有的人走得快,有的人走得慢。虽然节拍都是不一样的,但是他们行走的规律都是呈曲线运动,如图 9-22 所示。

图 9-22　人物行走动画

图 9-23 是一张正常行走的人物关键帧图片,能观察到人物在做抬起或者下落的同时,运动呈现了曲线。在做动画时,要不断观察和尝试,才能做出更为生动的动画。那么,如果改变他们的运动曲线状态,然后更改节拍会出现什么样的情况的呢？如图 9-23 所示。

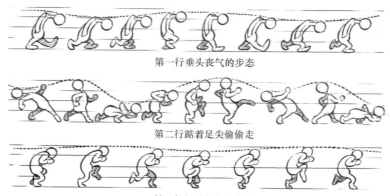

第一行垂头丧气的步态

第二行踮着足尖偷偷走

第三行轻手轻脚地走路

图 9-23　行走动画不同状态

大家发现图中的区别吗？第一行垂头丧气的步态;第二行踮着足尖偷偷走;第三行轻手

轻脚地走路。因为运动曲线不一样,节拍也发生了改变。这时候的动画就会变得有趣,但每个动画都有他们的运动规律,如果更改了他们的规律那么就会变的不真实。我们可以对角色的动作进行夸张,在运动规律基础上,加快节拍或者减速可能会出现更加有趣的动画效果,如图 9-24 所示。

图 9-24　夸张的行走

在早期的迪斯尼动画片里经常看到很多动作比较夸张的角色,这些角色都是在故事的脚本中就已经被赋予了性格。如果想要让观众也看到每个角色的性格,只有通过人物造型的塑造还有角色动作来说明。

【实例操作讲解】

下面通过图 9-25 的标识进行制作。

图 9-25　人物行走的基本动作

9.1　人物行走动画——腿部动画

在做动画之前,先要了解人物的运动规律和走路的节拍。一般正常人走路 1 秒钟(24帧)可以完成完整的一步。什么是完整的一步? 如图 9-26 所示。

我们所看到的图,都只是走了半步,左右腿交替才能形成完整的一步。在图 9-26 中,上面两张是符合我们要制作的走路,而下面两张一张是太慢,另外一张又太快。可以适当更改它的帧数,因为要制作的是一个卡通人物。

如图 9-27 所示,在确定已经明白行走动画的关键帧之后,要对 Maya 的帧数率做调整。用鼠标左键点击将 Maya 动画首选项,调整设置中的时间为 PAL(25fps),调整时间滑块中播放速度为实时(25fps),如图 9-28 所示。

了解了运动过程之后,我们能更快、更好地制作动画效果。

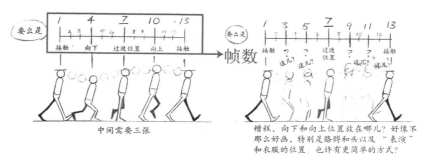

中间需要三张

糟糕，向下和向上位置放在哪儿？好像不那么好画，特别是胳膊和头以及"表演"和衣服的位置。也许有更简单的方式？

的确有个更简单的方式：让他走16格或8格的节奏。走16格的节奏更容易（即每步＝⅔秒），也容易均分，8格（即每秒3步）也一样

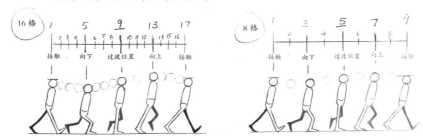

图 9-26　行走动画基本动作手绘稿

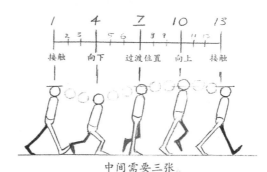

中间需要三张。

图 9-27　行走动画关键帧手绘稿

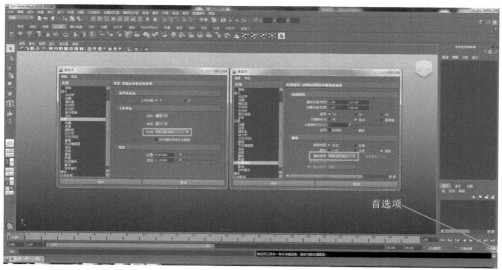

首选项

图 9-28　首选项命令

9.2 控制器

观察在行走动画中所用到的控制器,如图 9-29 所示。

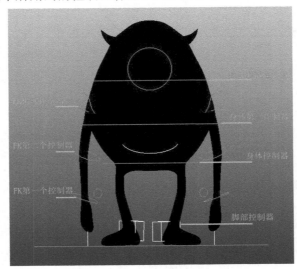

图 9-29 控制器

9.3 脚部参数

打开 Maya 文件中第 9 章下名称为 mo_bind_final. mb 文件。可以根据之前看到的二维图片将脚部控制器调整到想要的 POSE 姿势,然后将这些被调整的控制器记录关键帧,最后要将时间滑块的时间总帧为 24 帧。

(注意:在做动画之前一定要将自动记录关键帧的属性打开█。)

【步骤1】回到侧视图,将第 1 帧的左脚部 POSE 调整成如图 9-30 所示。

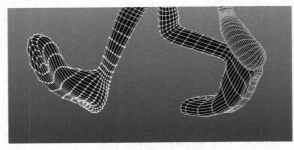

图 9-30 姿势图

【步骤2】第 1 帧的左脚部控制器参数,如图 9-31 所示。

为了方便观察,把参数尽量地都调成整数。但这个参数并不是不可改变的,也许有些人喜欢用更为夸张的方式制作动画效果,那么参数是多少就根本不重要了,主要看动画效果。

当调整到需要的 POSE 后,需要将调整的控制器在第 1 帧上按下 S 键,记录关键帧。前

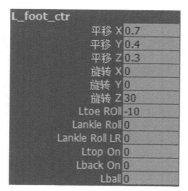

图 9-31　参数调整

面已经将软件的自动记录关键帧开启了,因此,之后的帧数是不需要再次重复 S 键记录关键帧。

【步骤 3】将时间帧数调整到第 6 帧,它的基本 POSE 和参数如图 9-32 所示。

图 9-32　设置 6 帧关键帧以及参数

【步骤 4】将时间帧调整到第 9 帧的位置上,它的基本 POSE 和参数如图 9-33 所示。

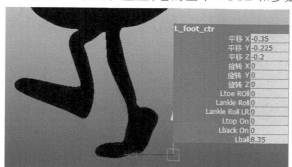

图 9-33　设置 9 帧关键帧以及参数

【步骤 5】将帧数调整到第 12 帧,它的 POSE 和参数如图 9-34 所示。

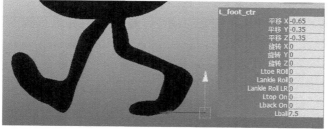

图 9-34　设置 12 帧关键帧以及参数

【步骤6】帧数调整到第 15 帧上,POSE 和参数如图 9-35 所示。

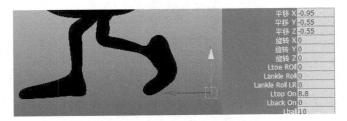

平移 X	-0.95
平移 Y	-0.55
平移 Z	-0.55
旋转 X	0
旋转 Y	0
旋转 Z	0
Ltoe ROll	0
Lankle Roll	0
Lankle Roll LR	0
Ltop On	8.8
Lback On	0
Lball	10

图 9-35　设置 15 帧关键帧及参数

【步骤7】将帧数调整到第 18 帧上,POSE 和参数如图 9-36 所示。

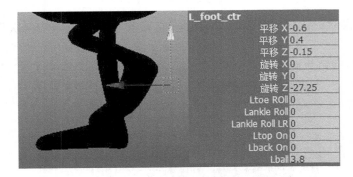

L_foot_ctr

平移 X	-0.6
平移 Y	0.4
平移 Z	-0.15
旋转 X	0
旋转 Y	0
旋转 Z	-27.25
Ltoe ROll	0
Lankle Roll	0
Lankle Roll LR	0
Ltop On	0
Lback On	0
Lball	3.8

图 9-36　设置 18 帧关键帧及参数

【步骤8】将帧数调整到第 21 帧上,POSE 和参数如图 9-37 所示。

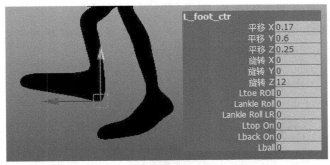

L_foot_ctr

平移 X	0.17
平移 Y	0.6
平移 Z	0.25
旋转 X	0
旋转 Y	0
旋转 Z	12
Ltoe ROll	0
Lankle Roll	0
Lankle Roll LR	0
Ltop On	0
Lback On	0
Lball	0

图 9-37　设置 21 帧关键帧及参数

最后一帧的 POSE 和第一帧是完全一样的。

9.4　左手手臂参数

【步骤1】手臂是由 IK 和 FK 控制器的,所以,需要注意,在进行制作手臂的动画时,应将控制器切换到 FK 模式。人物手臂上分别有三个控制器,如图 9-38 所示。

【步骤2】观察 FK 的第 2 个控制器的参数,如图 9-39 所示。

【步骤3】FK 的第 3 个控制器的参数,如图 9-40 所示。

这样,就将 FK 控制器上的参数列举出来了。接着,观察腰部控制器的参数和它的主要 POSE。人物在行走时,身体上下也需要调整,而这些就是通过腰部控制器进行调整的。在行走时,人物的腰部是左右摆动的,在摆动的过程中才能使人物的行走更加真实、有力,如图

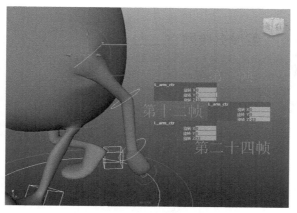

图 9-38　左手臂肩部控制器参数

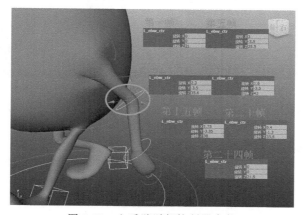

图 9-39　左手臂肘部控制器参数

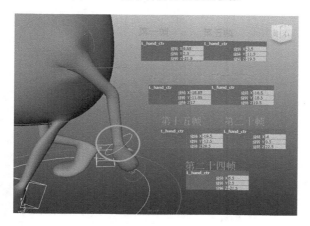

图 9-40　左手臂腕部控制器参数

9-41 所示。

在前视图行走中,能够看到身体变化,从顶视图观察会更加明显,如图 9-42 所示。

在人物中还可以加入其他的元素。例如:可以将角色定义为男性或者女性。女性在走路时候,会有明显的摆动胯部动作;而男性在走路时,虽也摆动,但胯部不像女性那么明显。男性走路时,一般会有非常明显的摆动肩部效果。

图 9-41   行走身体倾斜

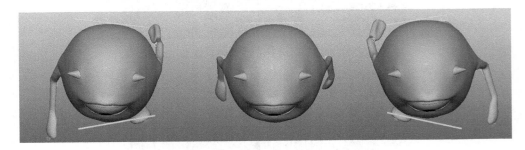

图 9-42   顶部观察身体倾斜

9.5   身体控制器参数

【步骤 1】身体顶部控制器参数,如图 9-43 所示。

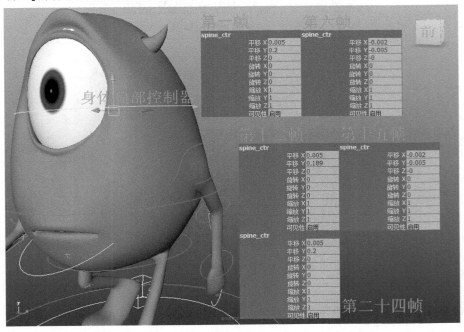

图 9-43   身体顶部控制器参数

【步骤 2】身体控制器参数,如图 9-44 所示。

这样,我们就通过大眼仔实例讲解了行走动画。大家可能会问,为什么右侧的参数和动

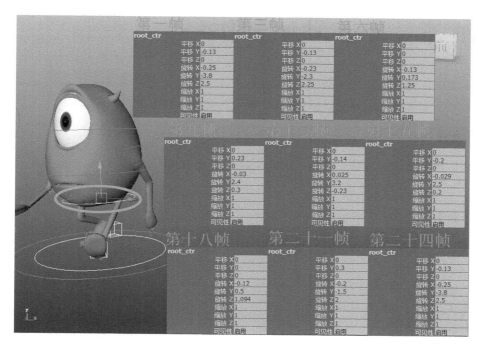

图 9-44　身体下半部分控制器参数

作没有讲解呢？这是因为左右两边的基本 POSE 和参数基本都是一样的,只要调换方向就即可。此外,可以参照 Maya 文件第 10 章中名称为 mo_walk. mb 文件来做进一步学习。

项目小结

本章通过大眼仔模型制作了走路动画的效果,主要是通过我们所了解的动画规律来进行制作,在做之前应该先了解该动作的时间和间距,然后进行制作。

练习

将行走动画制作完整。

第 10 章　跑步动画制作

　　跑步动画的制作要比走路动画简单一些,通过前面对走路动画的学习,我们熟悉了时间和间距之间的基本概念。对于动画来讲,时间和间距是非常重要的。

【项目目标】

　　观察生活中的常见动作,注意这些动作所需要的时间,最终达到能够独立制作动画的目的。

【实例介绍】

　　本章案例主要是学习使用绑定好的人物制作跑步动画效果。

【重点】

　　将模块切换到多边形模块。

跑步运动规律

　　前面介绍了走路的动画的制作,跑步的制作方式和走路的方式是一样的,但是怎样来区别这两个动作的不同呢?虽然跑步在日常生活中经常看见,但是我们可能从来没有仔细地分析每一个动作。首先,走路只有一只脚是离开地面的,而且走路有两只脚同时接触地面的一段时间,虽然很短。但是,跑步就不一样,跑步中有些重要的点。比如图 10-1 中,姿势 1,2 或者是 3 直到最后一个姿势,有一只脚一直都完全接触不了地面。做一个快速行走——如果总是一只脚着地,就跑不起来,得到是一个非常快速的步行——每秒钟 4 步。

图 10-1　行走图片

　　但是如果仅仅使 6 号画面离开地面,就可以得到一个跑步的动作。

　　图 10-2 是一个更生动一些的跑步的动作,几乎和图 10-1 是一样的,只是胳膊和腿部摆

图 10-2　慢跑

动幅度更大一些,还有一帧两只脚同时离开地面。虽然只有这一点区别,但是看起来图 10-2 更像是跑步。

可以使用同样的图画,把最低点放在 3 号位置,把最高点放在紧挨着它的 4 号位置,再比较一下图 10-3,就更加生动了,如图 10-4 所示。

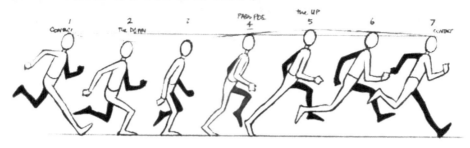

图 10-3　跑步

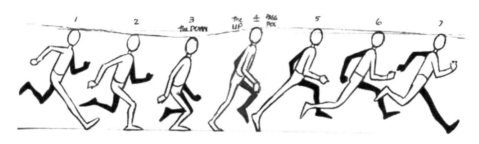

图 10-4　跑步

图 10-5 是一个比较夸张、卡通成分更多一些的动作——但是有两个位置 5 和 6 两只脚都离开了地面,这个跑步的动作就激烈很多,然后就要加上强烈的胳膊摆动。这样,我们得到一个比较激烈的跑步动画。

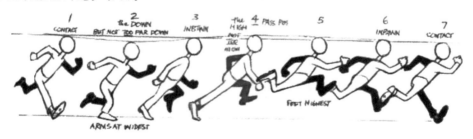

图 10-5　快跑

通过这些我们知道了跑步和走路的区别,这样在做动画的时候就会方便得多。该在什么地方,把 POSE 调到什么样,心中有数。

【实例操作讲解】

下面通过图 10-6 的标识进行制作。

图 10-6　跑步关键帧图

10.1　跑步脚部动画

【步骤 1】打开 Maya 文件第 10 章名称为 mo_bind_final.mb 文件。

【步骤 2】左脚部第 1 帧的参数和 POSE，如图 10-7 所示。

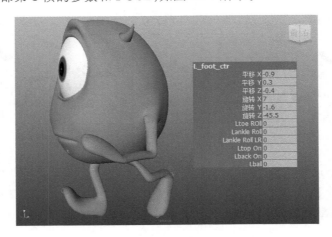

图 10-7　左脚 1 帧姿势及参数

【步骤 3】左脚部第 2 帧的参数和 POSE，如图 10-8 所示。

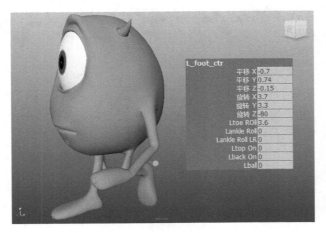

图 10-8　左脚 2 帧姿势及参数

【步骤 4】左脚部第 5 帧的参数和 POSE，如图 10-9 所示。

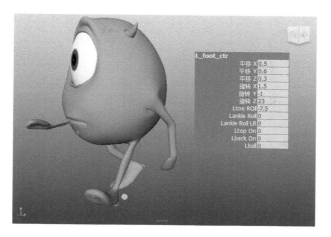

图 10-9　左脚 5 帧姿势及参数

【步骤 5】左脚部第 8 帧的参数和 POSE，如图 10-10 所示。

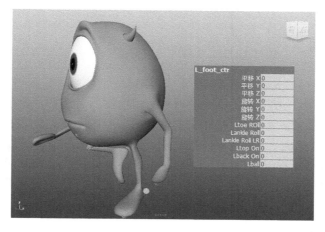

图 10-10　左脚 8 帧姿势及参数

【步骤 6】左脚部第 11 帧的参数和 POSE，如图 10-11 所示。

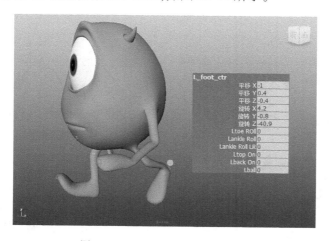

图 10-11　左脚 11 帧姿势及参数

【步骤 7】左脚部第 12 帧的参数和 POSE，如图 10-12 所示。

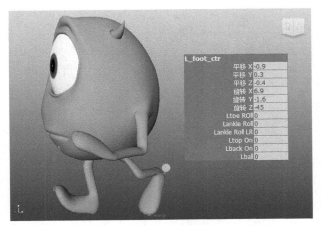

图 10-12　左脚 12 帧姿势及参数

而跑步和行走是一样的,左右脚都是一样的。因此,本书中不再进一步讲解。而手部依然是用 FK 进行制作的。

10.2　跑步时间

我们走路的速度一般是每 3 秒走 2~4 步,如果按每秒 24 帧,那就是 12~16 帧左右一步,年纪大的老人,或者无精打采的人走路时间可能会花得更多些。跑步的速度一般是走路的 2~3 倍,就是 4~8 帧。一般来说,正常的速度是 1 秒跑 4 步左右。在这有一点是要注意的,4 帧的跑步是怎样的呢? 跑步动作的复杂程度和走路差不多,如果时间太短,那么跑步的动作就表现不够,动画看上去就会觉得不生动。所以在制作时如果能做 8~12 帧的跑步效果是最好的。当然根据不同的需要,有所调整,只要觉得符合角色就可以。

10.3　跑步的区别

不同的角色,身高不同,胖瘦不同,性格不同都会影响到动画。以图 10-13 为例,一个胖男人的跑步——重量的起伏较大,因为他重,上升点之后紧接着就是下降点。为了再次重重

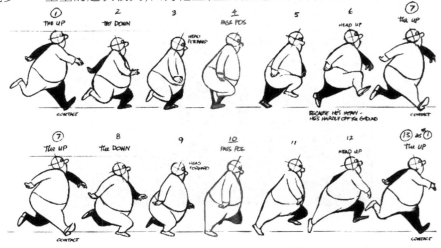

图 10-13　胖人跑步姿势二维稿

地落地,接下来的5幅画面他必须自己跳起来,为了帮助提高身体,他的头必须向前倾。

对于矮小的角色,动作很快,胳膊没有足够的时间剧烈摆动,所以一般是使胳膊前伸,腿的动作在身体的后下方。可以想象一下猫和老鼠里边的镜头,如图10-14所示。对于长腿的形象需要稍微长一点的运行时间,为了让观众看清楚,要多加一个或者是两个关键帧来表现。

图10-14 夸张跑步二维稿

项目小结

本章通过大眼仔模型制作了跑步动画的效果,主要是通过我们所了解的动画规律来进行制作。如果以后有更多的机会制作表演动画,建议可以先进行表演,了解该动作的时间和间距后,然后进行制作。

练习

请将跑步动画参考Maya文件中第10章名称为mo_run.mb文件完成或是根据胖子的运动规律制作Maya文件中的第10章fat man.mb文件胖子跑步效果。

第11章　Painteffects 星空制作

　　Maya 提供的绘制工具超出了许多 3D 创意美工人员通常可以想象的范畴。通过这些工具可以完成多种建模、动画、纹理和效果工作,用户可以在 2D 画布上或作为场景中的实际 3D 对象创建自然而虚幻的效果,可以为场景创建 2D 背景,或动态 3D 绘制效果(如草地,其中有花和风吹的树),所有操作只需拖动鼠标或绘图板笔即可完成。

【项目目标】

　　通过学习 Painteffects 快速制作奇幻的场景,我们可以利用这个优点有效率地做出更加炫丽的场景。

【实例介绍】

　　本章案例主要是学习使用 Painteffects 制作星空的效果。

【重点】

　　将模块切换到渲染模块。

窗口—常规编辑器—Visor

　　此命令下多使用 Maya 默认提供的画笔。

在 2D 画布上绘制笔划

　　按键盘 8 键到画布下,选择绘制—绘制画布以显示 2D 画布,可以开始绘制。无法在画布上显示网格,通过在整个画布中拖动来绘制笔划,如图 11-1 所示。

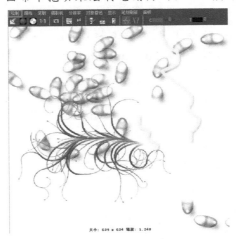

图 11-1　画笔形态

　　如果想要将这个画布的画面保存,可以执行绘制—保存快照。

　　绘画完成后,如果想回到之前的的三维视图,选择工具栏中透视图的快捷图标就可以了。

笔刷和笔划

　　从"便捷工具架"(Shelf)上选择"Paint Effects"预设笔刷

　　从"工具架"(Shelf)上,选择"Paint Effects"选项卡以显示"Paint Effects"预设笔刷,如图

11-2 所示。

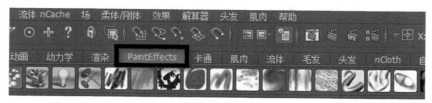

图 11-2　画笔位置

从"Paint Effects"工具架上,选择"雏菊大笔刷" 。

在场景视图中,光标变为含垂直线的红色圆,这表示光标已准备好绘制笔划。圆表示笔刷路径的宽度。对于某些类型的笔划,该路径将显示为实际绘制的宽度;对于其他笔划类型,该路径表示管状体种子路径的宽度,如植物、树等,如图 11-3 所示。

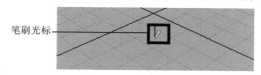

笔刷光标

图 11-3　画笔使用

选择的预设笔刷设置将复制到模板笔刷。绘制笔划时,会使用模板笔刷设置。如果开始绘制之前要修改笔刷预设,必须在选择预设笔刷之后编辑模板笔刷(Paint Effects－模板笔刷设置 Paint Effects－Template Brush Settings)。

如图 11-4 所示,默认情况下,笔刷光标沿地平面移动。地平面位于 X 和 Z 维度中。这是笔刷光标的默认行为。如果绘制绘制笔划,该行为将应用于地平面(X,Z)。

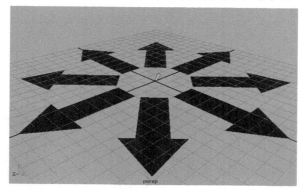

图 11-4　画笔绘画方向

在场景视图中绘制 3D 笔划

在选定"雏菊大笔刷"的情况下,使用以下方法之一在地平面上绘制一个短绘制笔划:

在绘图板上拖动光笔,同时在移动光笔时在光笔上施加轻微压力或者按住鼠标左键同时拖动鼠标,一个或多个线框雏菊茎沿绘制笔划的路径出现在场景视图中。在场景视图中绘制笔划时,笔划最初显示为一个线框。按住鼠标左键和键盘中的 B 键可以更改笔刷的大小,如图 11-5 所示。

延伸出曲线或笔划的茎称为管状体。在"Paint Effects"中,笔划既可以是简单的笔划也可以是带有管状体的笔划。因为笔划具有与其关联的曲线,所以可以像场景中的其他对象一样移动、缩放或旋转笔划。可以编辑曲线来修改笔划路径的形状。

笔划　　　　管状体

图 11-5　绘画出的形态

在场景视图中,拖动任何一个"移动工具"操纵器箭头以重新定位笔划。

修改现有绘制笔划的属性

若要查看"属性编辑器"(Attribute Editor),可以单击"状态行"的"显示/隐藏"(Show/Hide)图标,如图 11-6 所示。

显示/隐藏属性编辑器

图 11-6　隐藏属性图标

在场景视图中,选择与雏菊关联的绘制笔划。可以用以下方法之一来选择笔划:

第一种方法是选择与笔划路径关联的曲线。

第二种方法是选择与笔划路径关联的管状体。

"属性编辑器"将更新以显示与选定雏菊笔划关联的节点。笔划的各种属性出现在不同的选项卡下。每个选项卡均表示与特定的一组属性关联的节点。

如图 11-7 所示,单击 strokeDaisyLarge1 选项卡以查看其属性。该选项卡包含与变换节点相关的信息,因为该选项卡上最重要的属性控制笔划的曲线变换。

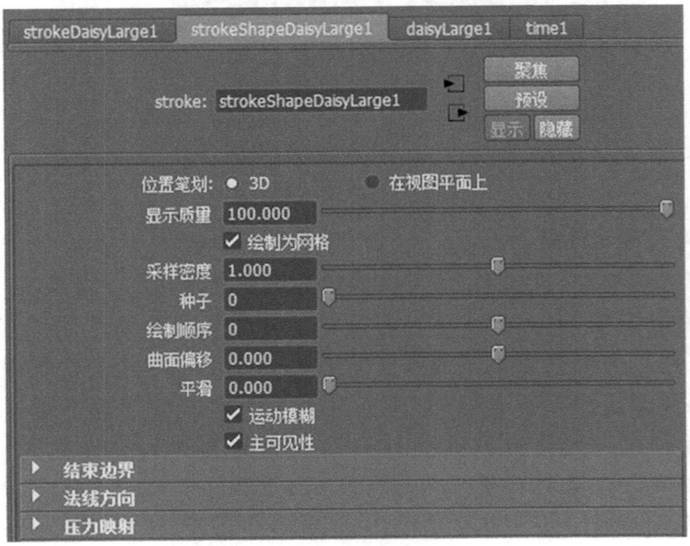

图 11-7　画笔属性

当想要对当前绘画好的 3D 场景进行渲染时，可以选择渲染图标来进行渲染 。

【实例操作讲解】

下面通过图 11-8 的标识进行制作。

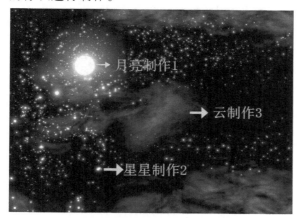

图 11-8　绘制步骤图

11.1　使用 Maya 场景资料

【步骤 1】打开场景 Maya 文件下第 12 章中名称为 effect. mb 文件，点击面板—沿选定对象观看，可进入到摄像机角度进行渲染，如图 11-9 所示。

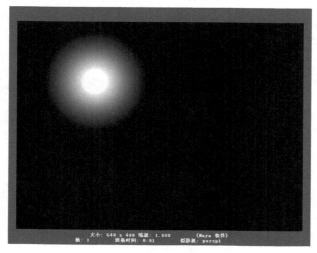

图 11-9　场景资料

在晴朗的夜空只有月亮挂在天上似乎不符合常理，可以通过所学到的知识为当前场景制作星空的效果。

11.2　星空绘制

【步骤 1】跳出摄像机，在场景中创建 NURBS 平面，如图 11-10 所示。

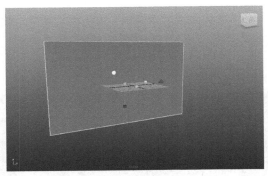

图 11-10　创建平面模型

尽量让平面大一些，这样在摄像机里看才不会穿帮。

【步骤 2】选择这个平面，点击 painteffect—使可绘制，如图 11-11 所示。

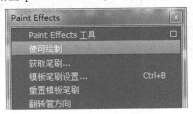

图 11-11　命令选项

【步骤 3】执行 painteffect—获取笔刷，弹出对话框，找到想要的笔刷，鼠标左键选择该笔刷，如图 11-12 所示。

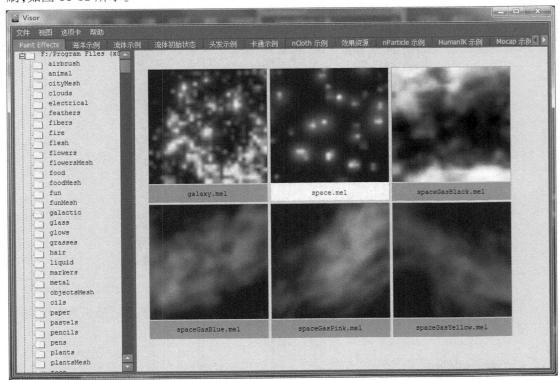

图 11-12　云朵笔刷选择

【步骤 4】在平面上绘制,如图 11-13 所示。

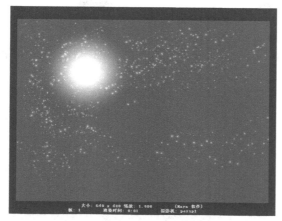

图 11-13　绘制

能够看到所画出的效果并不理想,将平面的基本颜色改为深蓝色或者黑色,得到效果如图 11-14 所示。

图 11-14　绘制效果

【步骤 5】为了让效果更好,可以选择其他笔刷来进行绘制。再次选择名称为 galaxy 的笔刷进行了绘制,得到效果如图 11-15 所示。

图 11-15　绘制最终效果

11.3 云朵绘制

【步骤1】执行painteffect—获取笔刷,弹出对话框,找到云朵的笔刷,加入云朵的效果,让效果看起来更加逼真,如图11-16所示。

图11-16 云朵笔刷

项目小结

本章主要讲解了 Maya 中 Painteffect 绘画笔刷工具,通过这个工具可以提高我们的工作效率,还能做出一些非常真实的 CG 作品。

练习

请通过本章的学习制作图11-17所示效果。

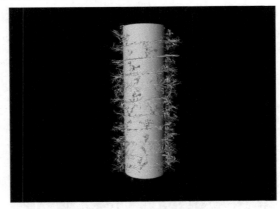

图11-17 完成图

第 12 章　粒子系统倒水实例制作

粒子系统表示三维计算机图形学中模拟一些特定的模糊现象的技术,而这些现象用其他传统的渲染技术难以实现真实感。经常使用粒子系统模拟的现象有火、爆炸、烟、水流、火花、落叶、云、雾、雪、尘、流星尾迹或者像发光轨迹这样的抽象视觉效果等。粒子是显示为点、条纹、球体或其他形状的点。粒子上可以应用属性,使粒子在设定动画和进行渲染后,模拟出自然现象。可以通过单击场景视图中的位置来创建粒子,也可以使用将粒子发射到视图中的发射器来创建粒子。若要为粒子设定动画,通常应用重力或风这样的场。通过组合发射器、粒子和场,可以创建烟、焰火或雨等自然现象。

【项目目标】

使用粒子系统可以做出我们想不到的效果。当我们熟知了各个命令的制作之后,便可以制作炫丽灿烂的效果。

【实例介绍】

本章案例主要是学习使用粒子制作倒水效果。

【重点】

将模块切换到动力学模块。

粒子—从对象发射

对象发射可以为指定的对象作为发射器发射粒子。

粒子—使碰撞

可以使粒子和粒子碰撞,或者粒子和物体进行碰撞。

场—重力

可以将选择的物体加入重力场,实现真实的重力效果。

【实例操作讲解】

下面通过图 12-1 的标识进行制作。

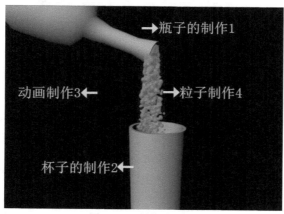

图 12-1　制作步骤图

12.1　粒子发射器

【步骤1】打开在 Maya 文件第 12 章中名称为 water.mb 的文件,注意瓶子的内部有一个面片,不要删掉,它可以为后来创建粒子发射器,如图 12-2 所示。

【步骤2】设置时间滑块为 1000 帧,设置足够多的帧数才可以观察到粒子的效果。为瓶子做动画,让瓶子有抬起倒水的动画效果,如图 12-3 所示(可参照文件中名称为"倒水"的视频)。

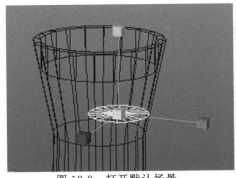

图 12-2　打开默认场景

图 12-3　动画

【步骤3】将刚才看到的小面片成为瓶子的子物体,让它们之间建立父子关系。这样,就能发现面片跟着瓶子一起运动了,如图 12-4 所示。

图 12-4　父子关系

12.2　调整粒子

【步骤1】选择面片,执行粒子—从对象发射,打开它后面的拓展命令框,将发射器类型改为"表面"。这时候播放动画,能发现创建的粒子是飘着的,如图 12-5 所示。

【步骤2】在场景中选择粒子,执行场—重力,在场景中发现了重力场的图标,播放动画能发现粒子已经有了往下流动的效果,如图 12-6 所示。

【步骤3】但是,发现粒子穿透了杯子,现在要使粒子和杯子之间产生碰撞。选择粒子加选杯子,执行粒子—使碰撞,如图 12-7 所示。

【步骤4】再次播放动画,会发现粒子虽然和杯子产生了碰撞,可是在一定时间内,会有弹起来的状况,如图 12-8 所示。

图 12-5　创建粒子

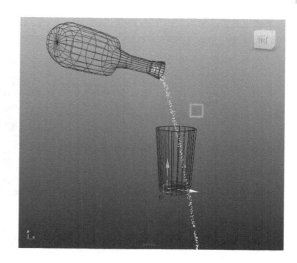

图 12-6　重力效果

图 12-7　碰撞命令

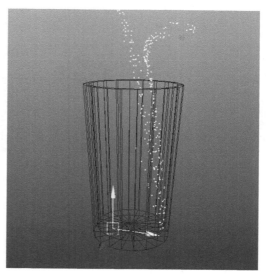

图 12-8　杯子碰撞

【步骤5】选择粒子,并且在通道栏中选择名称为 geoconnector 的属性,将该属性下的弹性改为 0.1,如图 12-9 所示。

【步骤6】再次播放,效果如图 12-10 所示。

【步骤7】这才是我们想要的效果。能看到现在的粒子形态为点状态,而在使用默认渲染器的时候是渲染不出来的,需要更改粒子形态。选择粒子,在粒子属性中选择渲染属性,将粒子渲染类型改为滴状曲面,如图 12-11 所示。

点击渲染窗口,得到效果如图 12-12 所示。

【步骤8】发现效果并不好,那么将当前渲染类型属性点开,如图 12-13 所示。

弹出的属性中将半径改为 0.250,阈值改为 0.550。再次播放动画,效果如图 12-14 所示。

重新播放动画,能发现在播放动画时,在一开始就有了粒子发射的效果,而这些效果并不是我们需要的,因为需要在倒水动画时,才想让它有粒子倒出的效果,在此之前要让粒子

图 12-9　碰撞属性 図 12-10　修改后效果

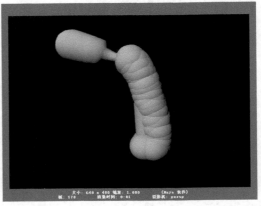

图 12-11　粒子渲染属性 図 12-12　调整属性后效果

图 12-13　渲染属性调整 图 12-14　水流效果

倒出的效果消失。

【步骤9】在发射器属性中有速率的属性,可以将速率属性进行关键帧,如图 12-15 所示。

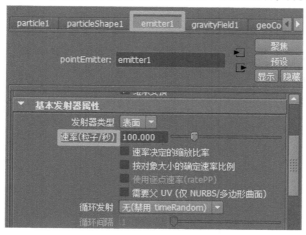

图 12-15　粒子数量

【步骤10】将第 1 帧到第 49 帧上为速率设置关键帧。将时间帧放置在第 1 帧上,将发射器属性中的速率参数改为 0,按鼠标右键点击设置关键帧,如图 12-16 所示。

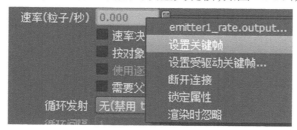

图 12-16　为粒子数量设置关键帧

【步骤11】将时间滑块移动到第 49 帧上,重复同样的操作。

【步骤12】将时间滑块调整到第 50 帧上,将速率参数改为 100,并设置关键帧。再次播放动画,就能出现我们想要的效果了,如图 12-17 所示。可以参照第 12 章视频倒水 AVI 视频文件。

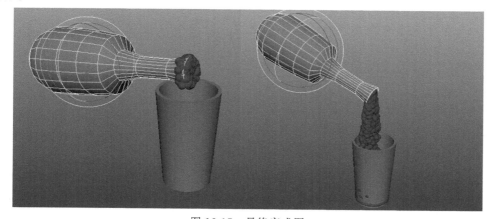

图 12-17　最终完成图

项目小结

本章主要讲解了 Maya 中的粒子。粒子还可以做出非常多的效果,如喷泉、火焰等。另外,可以通过熟知命令的参数来制作其他的效果。在制作特效的学习中,应多练习和多总结,将这些经验积累起来可以为我们的制作铺好道路。

练习

请将倒水动画制作完成。

第 13 章 动力学单摆制作

在 Maya 中,刚体是具有坚硬形状的属性的曲面。与常规的计算机曲面不同,刚体在动画过程中会相互碰撞而不是彼此穿透。刚体可以用于创建动力学模拟。同样,刚性曲面与 Maya 中的其他对象碰撞时不会变形。刚体可以从多边形或 NURBS 曲面创建。可以将刚体属性指定给曲面,这样这些属性会以特定方式在模拟中起作用并做出反应。刚体属性的示例有速度、质量和反弹。

刚体的概念:

Maya 把几何体转化成坚硬的多边形表面或是 NURBS 表面,在动画过程中会相互碰撞,而不是相互穿过,刚体约束限制刚体的运动。约束会模拟所熟悉的现实世界物品的行为,如钉子、屏障、铰链和弹簧等。

刚体的分类:

主动刚体——施加力或场即可把物体转化成主动刚体,它会受到动力学影响而产生运动。

被动刚体——与主动刚体进行碰撞,但自身不会发生运动。

【项目目标】

动力学常用来模拟自然界中的碰撞效果,通过这个特点可以模拟自然动画效果。当掌握了命令熟知了制作原理,就可以独立制作了。

【实例介绍】

本章案例主要是学习使用动力学模拟单摆,在视频文件夹中找到名称为"单摆"的视频文件先看效果。

【重点】

将模块切换到动力学模块。

执行柔体/刚体—创建主动刚体

可以将模型作为主动刚体。

执行柔体/刚体—创建钉子约束

可以将柔体或者刚体创建钉子约束,这种约束好像是将物体定在所设置的位置上。

场—重力

可以实现物体与粒子,或者粒子与粒子之间的真实的重力场模拟。

编辑—分组

可将单个或者多个物体在一个组群里。

编辑—复制

可以复制模型。

编辑—父对象

可以将物体与物体之间形成父子关系。

【实例操作讲解】

下面通过图 13-1 的标识进行制作。

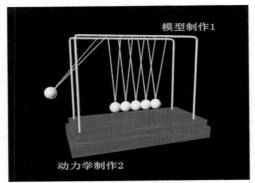

图 13-1 制作步骤图

13.1 球体碰撞效果

【步骤 1】打开场景 Maya 文件中第 13 章名称为 ball.mb 文件,将时间滑块总帧更改为 1000 帧。将全部小球选中,执行柔体/刚体—创建主动刚体后的命令拓展框,将属性更改,点击创建,更改如图 13-2 所示。

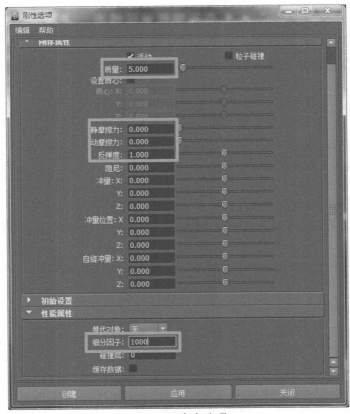

图 13-2 命令选项

创建了刚体之后,能发现场景中的小球中心有了"×"显示,如图 13-3 所示。

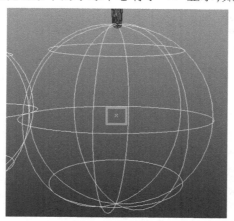

图 13-3　刚体标志

【步骤 2】这说明了当前的物体被创建了刚体。选择小球在通道栏中也发现小球的名称更改成了名称为 rigidBody 的物体名称。播放动画,没有任何的效果。这是因为在场景中还没有为小球添加重力场。再次选择这些小球,执行场—重力,如图 13-4 所示。

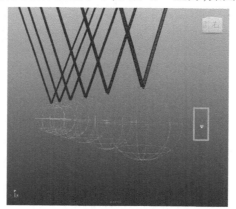

图 13-4　重力

【步骤 3】再次播放动画,能发现球体有了往下掉落的效果,如图 13-5 所示。

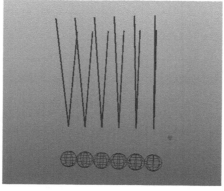

图 13-5　浏览

(注意:以后每次播放动画观察都需要将帧数调整到第 1 帧播放。)

13.2 调整球体摆动

【步骤1】单摆动画不应该一直往下坠落,而应该是左右摆动。因此,要将小球创建钉约束。选择其中一个小球,执行柔体/刚体—创建钉子约束,在创建这个约束的时候,需要将小球一个一个选择进行创建,不能框选一起创建,如图13-6所示。

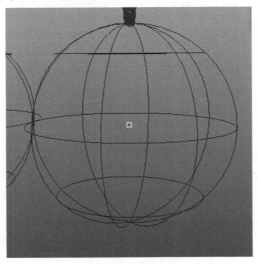

图 13-6　钉约束

【步骤2】在创建好的球体中心有个小方块,将这个小方块移动。按住键盘 X 键吸附网格工具进行移动,这样能保证钉约束移动的精度,移动到和链同一高度,如图13-7所示。

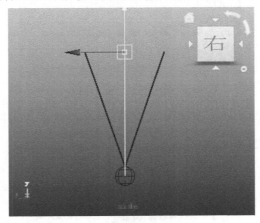

图 13-7　调整约束

【步骤3】经过一段时间后,已经将其他的小球也创建好了钉约束,如图13-8所示。

【步骤4】再次播放动画,发现没有任何的动画效果。需要将最左边或者最右边的小球移动一下位置,再次播放动画观察,如图13-9所示。

【步骤5】这样直接移动无法保证钉子和球体之间的距离,会产生误差。倒回去,重新制作。选择小球执行 Ctrl＋G 键打组,然后将坐标轴按 X 键移动到钉约束顶部位置,如图13-10所示。

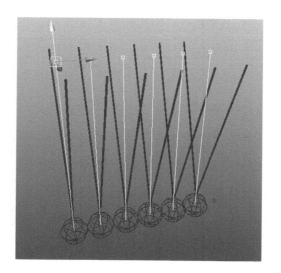

图 13-8　调整约束

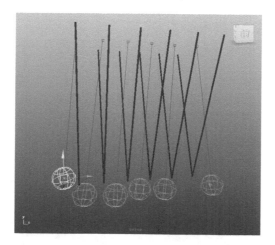

图 13-9　浏览动画

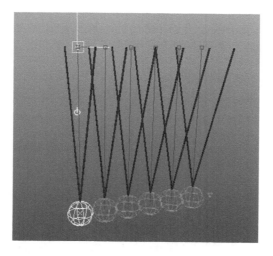

图 13-10　打组

【步骤6】将组的选择 Z 轴线更改为－45°,如图 13-11 所示。

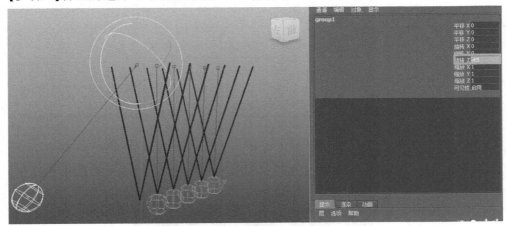

图 13-11　更改坐标

【步骤7】再次播放动画进行观察。这时,小球在播放的过程中有了散开的效果,另外,小球的下坠过程有些慢,如图 13-12 所示。

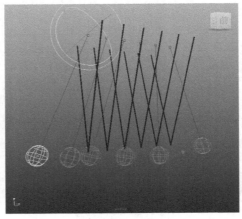

图 13-12　预览

【步骤8】选择重力场,将幅值改为 98,再次为小球创建钉约束,将之前的钉约束调整到链条的位置,如图 13-13 所示。

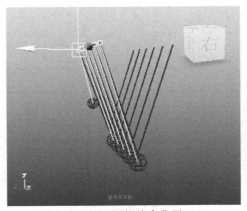

图 13-13　调整约束位置 1

【步骤 9】依次选择小球再次创建钉约束,并把新创建的钉约束移动到相对应的链条位置,如图 13-14 所示。

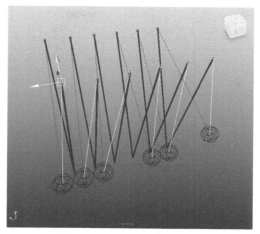

图 13-14　调整约束位置 2

【步骤 10】再次播放观察,小球散开效果依然很明显,如图 13-15 所示。

图 13-15　浏览

【步骤 11】选择被旋转过的小球,在通道栏中找到 rigidsolver 刚体解算器,将碰撞容差改为 0.001,如图 13-16 所示。

图 13-16　刚体解算器

播放动画,效果如图 13-17 所示。

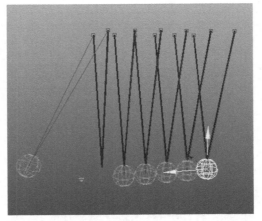

图 13-17　动画

【步骤12】最后,将球体和链条做父子关系,如图 13-18 所示。

图 13-18　父子关系

(注意:被移动的小球需要将新创建出的链条调整到和钉约束一致的位置中,然后再进行父子关系。)

【步骤13】播放观察,最终得到我们最想要的效果,如图 13-19 所示。可以参考第 13 章视频文件夹名称为单摆 AVI 视频文件。

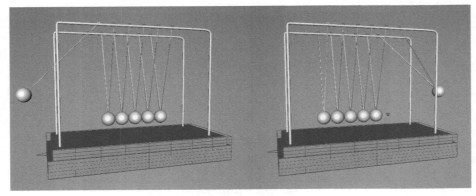

图 13-19　最终效果图

项目小结

本章主要讲解了刚体制作单摆效果。刚体还可以模拟更多的效果,也可以转化为关键帧制作其他的效果,刚体效果让我们感受到没有关键帧也能做出自然逼真的效果,不得不说 Maya 软件还是非常实用和强大的。

练习

将单摆效果完成并赋予材质。可参考 Maya 文件中第 13 章中名称为 ball_final. mb 文件的材质效果。

第 14 章　流体中云朵制作

流体就是根据力不断更改形状和流动的物质,使用 Maya Fluid Effects,可以真实地模拟 2D 和 3D 的大气效果(如云和雾)、燃烧效果(如烟、爆炸、燃烧火焰)以及粘性流体效果(如熔岩),也可使用流体效果海洋着色器来模拟开阔水面。

【项目目标】

学习流体的各个命令,最后达到能够独立制作的目的。

【实例介绍】

本章案例主要是学习使用流体制作真实云朵效果。

【重点】

将模块切换到动力学模块。

流体效果 —创建 2D 容器

选择流体效果—创建 2D 容器,Maya 会创建一个以 XY 平面的原点为中心的空二维流体容器,如图 14-1 所示。

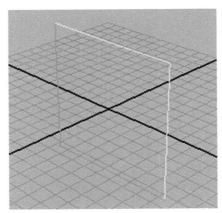

图 14-1　二维流体器

流体效果 —添加/编辑内容 —发射器

在已选中容器的情况下,选择"流体效果—添加/编辑内容—发射器"。Maya 创建一个名为 fluidEmitter1 的流体发射器并将其放置在流体容器的中心处,如图 14-2 所示。

使用 Maya 窗口底部的播放控件播放模拟,流体发射器创建"密度"值并将它们发射到容器中,如图 14-3 所示。

流体效果—创建 3D 容器

选择流体效果 —创建 3D 容器,单击应用并关闭,Maya 将创建在原点处居中的空三维流体容器,如图 14-4 所示。

添加/编辑内容—发射器

推拉场景视图,以查看整个容器,在已选中容器的情况下,选择流体效果菜单下添加/编辑内容—发射器,使用 Maya 窗口底部的播放控件播放模拟,如图 14-5 所示。

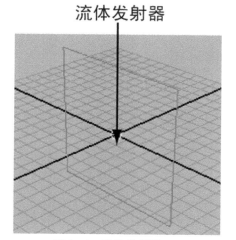

流体发射器

图 14-2　流体发射器

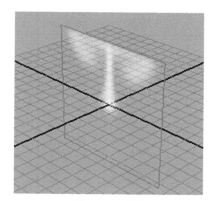

图 14-3　流体

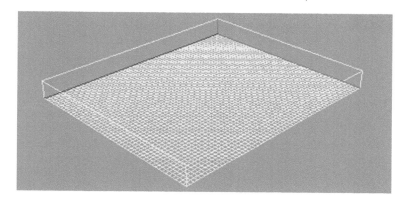

图 14-4　三维流体容器

图 14-5　容器中充满流体效果

【实例操作讲解】

下面通过图 14-6 的标识进行制作。

图 14-6　制作步骤图

14.1　容器设置

打开创建 3D 容器命令拓展选项窗口,在创建 3D 容器选项窗口中,设置下列各项:

X 分辨率(X resolution):50

Y 分辨率(Y resolution):5

Z 分辨率(Z resolution):60

X 大小(X size):50

Y 大小(Y size):5

Z 大小(Z size):60

14.2　将流体添加到容器

【步骤1】推拉场景视图,以查看整个容器。

【步骤2】在选定流体容器的情况下,打开"属性编辑器"(Attribute Editor),然后单击
"fluidShape1"选项卡。在"属性编辑器"的"内容方法"区域,设定:

密度:渐变;密度渐变:恒定。将"速度"、"温度"和"燃料"特性设定为"禁用(零)",如图
14-7 所示。

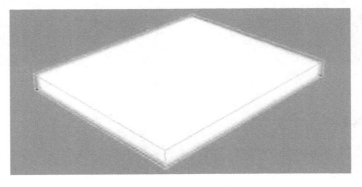

图 14-7　容器中充满流体效果

【步骤3】通过将"密度渐变"设定为"恒定",使容器中的所有"密度"值相同,即值 1。可以缩放这些值,否则这些值无法发生更改。

通过从场景视图菜单中选择"着色—硬件纹理",打开硬件纹理显示,这样无需渲染即可查看流体上的纹理效果。

(注意:必须启用着色—对所有项目进行平滑着色处理,然后选择硬件纹理。)

【步骤4】打开"属性编辑器"(Attribute Editor)中的"纹理"区域。

启用"纹理不透明度",以便将当前纹理应用于"不透明度"值。当前纹理是由"纹理类型"定义的"柏林噪波","密度"现在的外观略显斑点,其中具有更为透明的区域和更为不透明的区域,如图 14-8 所示。

图 14-8 容器中调整流体效果 1

【步骤5】该纹理提供了在 Maya 所包括的"3D 固体分形"中使用的标准 3D 噪波。

为实现蓬松的云状效果,将"纹理类型"更改为"翻滚"。"翻滚"纹理的计算密集,因此,慢于其他纹理类型,如图 14-9 所示。

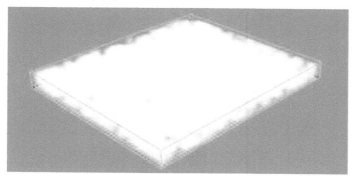

图 14-9 容器中调整流体效果 2

通过设定以下纹理属性来更改纹理外观:振幅:0.5 ,最大深度:4 ,如图 14-10 所示。

【步骤6】减小"振幅"将使低"密度"区域更为透明,高"密度"区域更为不透明。增加"最大深度"将添加细节。增加该值也将增加渲染时间。通过将"纹理比例"的 X,Y 和 Z 分量更改为"2, 1, 1",在 X 方向上拉伸纹理,如图 14-11 所示。

【步骤7】更改"翻滚"纹理属性,以使"翻滚"密度更小、斑点更多且具有不同的随机大小。翻滚密度:0.6 ,斑点化度:2.0,大小随机化:0.40,如图 14-12 所示。

【步骤8】修改着色属性"不透明度",使容器中非常密集的区域显得不透明较低,而"密度"极小的区域变成完全透明,并且使完全透明和较为不透明区域之间过渡的平缓度较低。

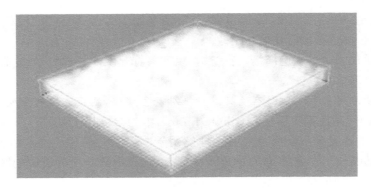

图 14-10　容器中调整流体效果 3

图 14-11　容器中调整流体效果 4

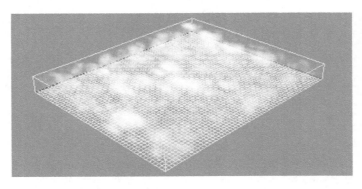

图 14-12　容器中调整流体效果 5

在"属性编辑器"中,转到"着色"区域。在"不透明度"子区域中,查看"不透明度"图表。该图表表示"不透明度"值和"密度"值之间的关系("不透明度输入"),如图 14-13 所示。

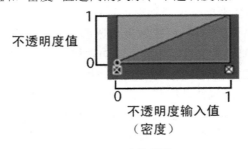

图 14-13　流体属性 1

"不透明度"值的范围为底部的 0(完全透明,无不透明度)到顶部的 1(完全不透明)。"密度"值的范围为左侧的 0(无"密度")到右侧的 1(高"密度")。

【步骤 9】到目前为止的上述线性图表中,当"密度"值为 0、"不透明度"值为 0 时,"密度"(Density)完全透明;当"密度"值为 0.5、"不透明度"值为 0.5 时,"密度"部分透明;当"密度"值为 1、"不透明度"值为 1 时,"密度"完全不透明。单击"不透明度"图表上的第一个点,以选择位置标记。位置标记可以标记图表上从左到右的位置("不透明度输入"值)。选定位置时,点的轮廓为白色,如图 14-14 所示。

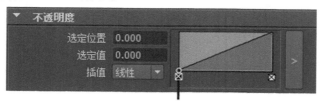

图 14-14　流体属性 2

将"选定位置"更改为 0.100,以更改标记位置,如图 14-15 所示。

图 14-15　流体属性 3

位置标记向右侧移动。现在,对于 0 到 0.10 的"密度"值,"不透明度"值将为 0。这意味着之前部分透明的"密度"将变成完全透明,如图 14-16 所示。

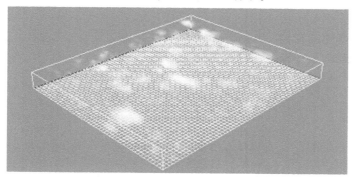

图 14-16　容器中调整流体效果

【步骤 10】更多云的透明区域消失,但现在云的实体区域不透明度更低。单击图表以创建新的位置标记,如图 14-17 所示。

按如下所述更改标记位置和值:选定位置:0.150,选定值:0.300,如图 14-18、图 14-19 所示。

大于 0.150 的"密度"值现在更为不透明,而完全透明区域("不透明度"为 0)和"密度"可见度变高的区域("密度"为 0.15)之间过渡的平缓度较低。

单击图表以创建新的位置标记

图 14-17　流体属性 1

图 14-18　流体属性 2

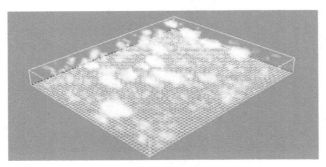

图 14-19　容器中调整流体效果

14.3　自身阴影添加到纹理密度

【步骤 1】在"属性编辑器"（Attribute Editor）的"fluidShape1"选项卡下，打开"照明"区域。启用"自身阴影"（Self Shadow），如图 14-20 所示。

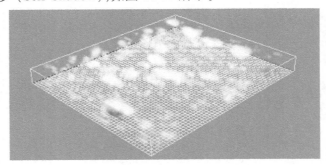

图 14-20　容器中调整流体效果

【步骤 2】云上现在有一些较暗区域，为云赋予了一些深度。在"显示"区域中，将"边界绘制"更改为"无"来隐藏容器。这样，可以更好地了解渲染之前流体的外观，如图 14-21 所示。

图 14-21　完成图

项目小结

　　本章主要讲解了通过流体制作了真实的云彩的效果。用流体还可以制作水流或者燃烧火焰效果。有时候，我们可以通过流体制作爆炸或者海洋等效果，如果了解流体中的参数，无疑对制作更多、更复杂和更加真实的效果带来好处。

练习

　　请制作真实云彩的效果。

第15章 兔子毛发制作

使用 Maya Fur 功能,可以在 Maya 中的所有曲面类型上创建毛发和短发。Maya 中的毛发描述定义了毛发的所有属性(例如:毛发颜色、宽度、长度、光秃度、不透明度、弯曲和密度等)。应用毛发时,可使用 Maya 提供的预定义毛发描述之一,也可以通过自己设定所有毛发属性来创建自定义毛发描述。可以使用关键帧效果为毛发设定动画,如长出毛发或更改颜色。如要获得更为自然的外观,还可使用动力学(如风和重力)将移动添加到毛发。

【项目目标】

熟悉毛发形态,达到独立制作的目的。

【实例介绍】

本章案例主要是学习使用毛发制作兔子的毛发效果。

【重点】

将模块切换到渲染模块。

毛发(Fur)—小鸭子

生成毛发其中一种笔刷名称。

毛发 —偏移毛发方向

可使毛发偏移方向。

毛发—附加毛发描述—porcupine

会将新的默认毛发描述指定给选定面。

mental ray for Maya 渲染器

mental ray 是 maya 中另外一种渲染器。

窗口—渲染编辑器 —渲染设置

渲染设置可以专门调节渲染参数,通常可以在渲染设置中调节渲染大小,或者渲染质量等参数。

【实例操作讲解】

下面通过图 15-1 的标识进行制作。

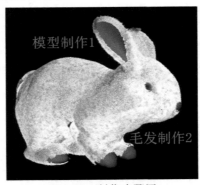

图 15-1　制作步骤图

15.1　对象指定给显示层

【步骤1】打开位于 Maya 文件第 15 章名称为 tuzi.mb 文件，里面有个兔子模型。

如果尚未显示"通道盒"，单击"状态行"中的"显示/隐藏通道盒/层编辑器"(Show/Hide Channel Box/Layer Editor)按钮以显示"层编辑器" 📕 。

【步骤2】通过单击"显示"选项卡确保"层编辑器"设定为"显示层"，如图 15-2 所示。

图 15-2　层编辑器 1

【步骤2】单击"创建层"(Create Layer)按钮 📑 ，双击"层编辑器"中新层的名称，将出现"编辑层"窗口。在"编辑层"窗口中，设定以下项，然后单击"保存"：名称(Name)——Extra-Parts ，显示类型(Display type)——R 引用状态。在"层编辑器"中，层名称将更新并且其状态现已设定为"引用"(Reference)。引用显示状态表示仍可以在场景查看该层中的对象，但是不能选择，如图 15-3 所示。

图 15-3　层编辑器 2

【步骤3】在场景视图中，请选择以下面，如图 15-4 所示。

【步骤4】右键单击"层编辑器"(Layer Editor)中的"ExtraParts"层并从出现的下拉列表中选择"添加选定对象"。选定对象指定给"ExtraParts"显示层，该显示层当前设定为"引用"(Reference)。仍然可以查看这些对象，但不能再选择，直到将该层的显示设置设定为"正常"

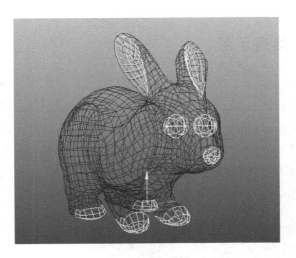

图 15-4　面选择

为止。以这种方式使用引用层,可以通过确保应用"毛发"(Fur)时不会意外选择不需要的曲面帮助工作流。

15.2　毛发描述预设指定给模型

【步骤 1】在场景视图中,在整个模型周围拖动选取框。除指定给被引用 ExtraParts 显示层的曲面外,该模型的所有曲面都处于选定状态,如图 15-5 所示。

图 15-5　选择兔子身体的面

【步骤 2】在"工具架"中,单击"毛发"(Fur)选项卡。当这些曲面仍处于选定状态时,单击"毛发"(Fur)工具架中的"小鸭子"毛发预设,如图 15-6 所示。

小鸭子毛发预设

图 15-6　创建毛发

"小鸭子"毛发预设将指定给模型的选定曲面,如图 15-7 所示。

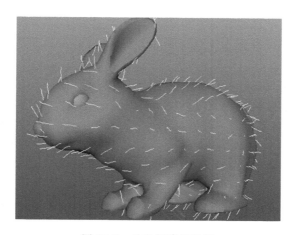

图 15-7　毛发创建后效果

【步骤 3】在"通道盒"中,将 Duckling 毛发描述重命名为 TeddyBear。观察已显示在模型上的黄色钉形。这是毛发反馈—渲染时毛发显示方式的粗略近似。毛发反馈将显示颜色、密度、长度、方向、扭曲度等各种毛发属性。通过查看毛发反馈,无需渲染场景,即可立即查看对毛发属性所做的修改如何影响毛发外观。与身体和口鼻部曲面相比,模型腿部、手臂和头顶上的毛发反馈显得有所不同。毛发反馈在所有指定曲面上的显示方式应一致,这表示所有指定曲面上的曲面法线可能导向方式并不一致。

[注意:如果角色具有现有动画装配或纹理,且需要指定毛发,则反转毛发反馈方向的所需方法就是反转毛发法线("毛发—反转毛发法线")。反转毛发法线不会改变曲面方向。]

15.3　使用"毛发方向偏移"修改毛发方向

【步骤 1】推拉摄影机使之靠近兔子的头部,这样就可以更准确地查看兔子鼻子上毛发描述的方向。毛发将显示为指向沿兔子鼻子的顺时针方向。可通过更改兔子鼻子的"毛发方向偏移"值更改毛发点的方向。选择兔子执行毛发—偏移毛发方向,然后单击出现在菜单顶部的两条线,这样就可以显示"偏移毛发方向"菜单,如图 15-8 所示。

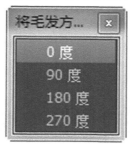

图 15-8　毛发偏移菜单

【步骤 2】通过"偏移毛发方向"(Offset Fur Direction)菜单,可以使用方向预设在选定曲面上旋转毛发描述。一次一个地单击 0 度,90 度,180 度和 270 度预设,直到兔子毛发反馈指向兔子脸,这里我们用 180 度。

15.4　修改毛发

【步骤1】选择"毛发—编辑毛发描述"将显示"属性编辑器"(Attribute Editor),并显示指定的 duckling 毛发描述的属性,如图 15-9 所示。

在"属性编辑器"中修改以下属性:

密度:400000

基础颜色 H:24,S:0.067,V:1

尖端颜色 H:0,S:0,V:1

长度 0.08

尖端不透明度 0.3

根部宽度 0.1

尖端宽度 0.1

图 15-9　渲染效果

15.5　创建新的毛发描述

【步骤1】在场景视图中,为模型选择下列面,如图 15-10 所示。

图 15-10　选择面

选择毛发—附加毛发描述—porcupine。此时,会将新的默认毛发描述指定给选定面。

15.6　修改毛发描述的颜色

【步骤1】Porcupine 属性编辑器中,将以下参数进行修改:

密度为100

基础颜色和尖端颜色都和身体毛发颜色一致

长度为0.4

【步骤2】另外,看一下其他的属性。

"密度"指定曲面上的头发的数量。该值越大,毛发越稠密。请注意,更改密度值不会影响场景视图中的毛发反馈;对毛发密度所做的更改仅显示在已渲染图像中。

"长度"设定毛发的长度(以栅格单位表示)。

"倾斜度"设定毛发的倾斜程度。值为0时完全直立(曲面的法线),而值为1时为平面(在根部与曲面相切)。

"根部宽度"和"尖端宽度"指定头发在其根部和尖端的宽度。

"扭曲度"设定毛发的弯曲。值为0时不会产生任何弯曲,而值为1时会产生最大的弯曲。

15.7　为场景创建灯光

【步骤1】第一个聚光灯将定位在模型的右侧。第二个聚光灯将定位在模型的左侧。第三个聚光灯将定位在适当的位置,以便能够自上而下照在模型上,为场景创建地面,如图15-11 所示。

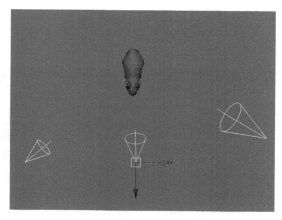

图 15-11　灯光位置

灯光的属性可根据自己的想法进行设定主要光源和次要光源。

15.8　启用 mental ray for Maya 渲染器

【步骤1】在主菜单中,选择窗口—渲染编辑器 —渲染设置[或在"渲染视图"(Render View)窗口中单击"渲染设置"图标],如图15-12 所示。

图 15-12　渲染器

在"渲染设置"窗口中,将"使用以下渲染器渲染"设置设定为"mental ray",如图 15-13 所示。

图 15-13　修改渲染器

15.9　将毛发阴影属性添加到聚光灯中

【步骤 1】选择"窗口—大纲视图"以显示"大纲视图"。对于复杂的场景,"大纲视图"(Outliner)在选择场景中的特定对象时很有用,特别是在要选择由其他对象隐藏的对象,或在摄影机视野之外的对象时。当场景中具有命名的对象和灯光时,在"大纲视图"(Outliner)中选择项目更容易。在"大纲视图'中,单击 spotLight1 以在场景中选择它。通过单击状态行上的"显示/隐藏属性编辑器"图标来打开"属性编辑器"(Attribute Editor)。

【步骤 2】选择 spotLightShape 选项卡,然后在"mental ray"区域下,展开"阴影"区域,如图 15-14 所示。

图 15-14　mental ray 属性

启用"使用 mental ray 阴影贴图覆盖"以自定义聚光灯的阴影贴图,在"阴影贴图覆盖"区域下,设定下列属性:

分辨率:2048

采样数:32

柔和度:0.005

【步骤 3】为 spotLight2 和 spotLIght3 启用"使用 mental ray 阴影贴图覆盖"并按如下方式设定"阴影贴图覆盖",如图 15-15 所示。

分辨率:1024

采样数:16

柔和度:0.05

图 15-15　加入阴影渲染效果

项目小结

本章主要讲解了毛发的基本制作方法。在渲染毛发时,需要有耐心。由于渲染时间慢,在制作的时候可能会浪费些时间,但为了制作出更好的作品,做这些还是非常值得的。

练习

请制作兔子身体的毛发效果。

第16章　布料桌布制作

借助 Maya nCloth 功能,可以在 Maya 中创建动态布料效果。nCloth 是一种快速、稳定的动态布料解决方案,该解决方案使用链接的粒子的系统来模拟各种动态多边形曲面,如织物衣服、充气气球、破碎曲面和可变形对象。nCloth 是从建模的多边形网格生成的,可以为任何类型的多边形网格建模,并使其成为 nCloth 对象,这对于实现特定姿势并维护指挥控制是很理想的,nCloth 构建于称为 Maya nCloth 的动力学模拟框架之上。Maya Nucleus 系统由一系列 nCloth 对象、被动碰撞对象、动态约束和 Maya Nucleus 解算器组成。作为 Maya Nucleus 系统的一部分,Maya Nucleus 解算器以迭代方式计算 nCloth 模拟、碰撞和约束(在每次迭代后改进模拟),以产生准确的布料行为。

【项目目标】

熟悉布料命令,达到独立制作的目的。

【布料实例介绍】

通过布料的学习,制作桌布自然落到桌面效果。

【重点】

请将模块切换到 nDynamics。

nMesh—创建 nCloth

可以将选择的模型转换为布料。

窗口—Hypergraph:连接

又叫视图窗口,在此窗口中可以看到所执行的命令和所创建的物体。

nMesh—创建被动碰撞对象

可以将选择的模型创建成被动的碰撞对象。

【实例操作讲解】

下面通过图 16-1 的标识进行制作。

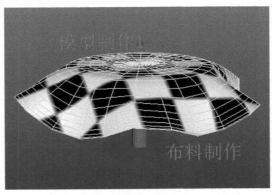

图 16-1　制作步骤图

16.1　创建多边形网格 nCloth

【步骤 1】选择棋盘格桌布,选择 nMesh—创建 nCloth — ▢,"创建 nCloth 选项"(Create nCloth Options)窗口将显示,从"解算器"下拉列表中选择"创建新解算器",如图 16-2 所示。

图 16-2　创建布料

【步骤 2】选择解算器可确定 nCloth 属于哪个 Maya Nucleus 系统。启用"局部空间输出"。定义空间输出可确定是桌布的输入和输出 nCloth 网格都附加到选定 Maya Nucleus 解算器("局部空间输出"),还是仅输出 nCloth 网格("世界空间")附加到选定 Maya Nucleus 解算器。

16.2　创建布料

【步骤 1】打开 Maya 文档下第 16 章文件夹下名称为 nCloth.mb 文件。在场景文件中我们能看到一块铺有棋盘格的桌布和一张桌子。选择桌布,执行 nMesh—创建 nCloth 选项,点击创建布料,会自动细分静态四边形多边形桌布并将其转化为动态 nCloth 对象,而且在场景视图中的桌布上将显示一个 nCloth 控制柄。nCloth 控制柄类似于一个小线框球体,它位于桌布的中心。可以使用桌布的 nCloth 控制柄在 Hypergraph 中或在"属性编辑器"(Attribute Editor)中桌布的选项卡中快速选择桌布的 nClothShape 节点,如图 16-3 所示。

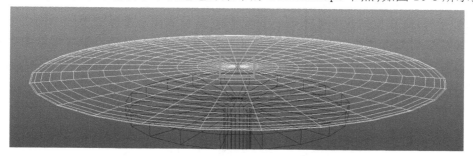

图 16-3　布料标识

【步骤 2】选择"窗口—Hypergraph：连接",以在依存关系图(DG)中查看桌布的新节点连接,将出现"Hypergraph",其中显示节点的新 Maya Nucleus 网络。请注意,现在桌布是 nucleus1 Maya Nucleus 系统的一个成员,如图 16-4 所示。

nClothShape1 是 nCloth 特性节点,它承载桌布的所有 nCloth 属性。

nucleus1 是 Maya Nucleus 解算器节点,该节点承载影响 nucleus1 解算器系统的所有属性(包括内部力)。

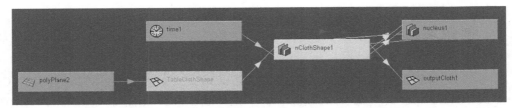

图 16-4　超图

TableClothShape 是桌布的输入网格和开始对象。

outputCloth1 是输出网格或当前网格,以及在场景视图中所看到的结果 nCloth 桌布。

polyPlane2 是桌布的历史节点。

关闭"Hypergraph",然后播放桌布的模拟。桌布恰好经过桌子、桌腿和地板。这是因为 nCloth 无法识别场景中的任何其他对象。为使 nCloth 桌布能够与桌子、桌腿和地板交互,需要使桌子、桌腿和地板像桌布一样,成为 Maya Nucleus 解算器系统的成员,如图 16-5 所示。

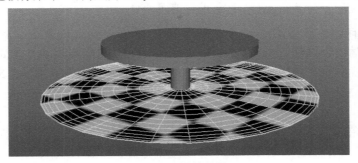

图 16-5　播放效果

【步骤 3】播放动画选项卡,观察布料变化。

16.3　创建 nCloth 的被动碰撞对象

【步骤 1】选择桌子,选择 nMesh—创建被动碰撞对象—□。此时,将出现"使碰撞选项"窗口。从"解算器"下拉列表中选择 nucleus1 并单击"使碰撞",桌子的多边形网格将转化为被动碰撞对象,并且在场景视图中 nRigid 控制柄将出现在其网格中心处。可以使用桌子的 nRigid 控制柄来快速在"Hypergraph"中选择桌子的 nRigidShape 节点或在"属性编辑器"(Attribute Editor)中选择其选项卡,如图 16-6 所示。

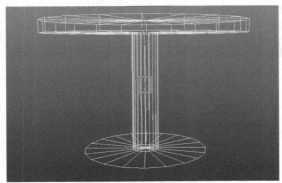

图 16-6　被动碰撞标识

现在,桌子也是 nucleus1 Maya Nucleus 系统的成员。选择"窗口—Hypergraph:连接",以在依存关系图 (DG)中查看桌子的新节点连接,如图 16-7 所示。

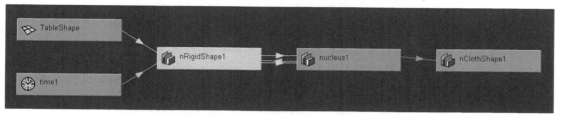

图 16-7　超图

nRigidShape1 是被动对象特性节点,该节点含有桌子的所有被动对象属性。关闭"Hypergraph"并播放桌布的模拟。将时间帧数回到第 1 帧,桌布现在与桌子碰撞。桌布现在与桌子互相作用,因为桌子是桌布 nucleus1 解算器系统的成员,如图 16-8 所示。

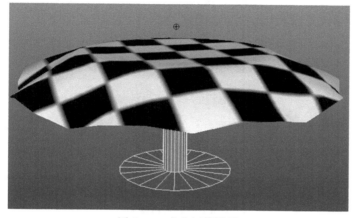

图 16-8　桌布解算效果

【步骤 2】选择桌布。打开"属性编辑器"(Attribute Editor)并选择"nClothShape1"选项卡。在"碰撞"区域中,从"解算器显示"下拉列表中选择"碰撞厚度",如图 16-9 所示。

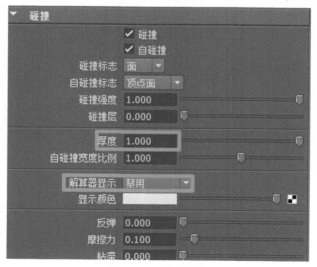

图 16-9　碰撞属性

在场景视图中将出现桌布的碰撞厚度,如图 16-10 所示。

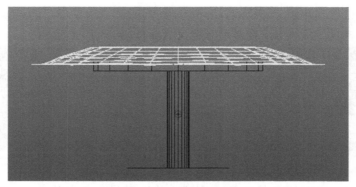

图 16-10　平面视图

　　nCloth 的"厚度"（Thickness）属性确定桌布碰撞体积的半径或深度。碰撞体积是桌布曲面的不可渲染曲面偏移,由 nucleus1 解算器在计算桌布的被动对象碰撞时使用。碰撞发生在桌布的碰撞体积处,而非桌布自身曲面上,如图 16-11 所示。

图 16-11　布料效果

　　【步骤 3】在"碰撞"（Collisions）区域中,将桌布的"厚度"（Thickness）属性值更改为0.066,播放时间滑块,如图 16-12 所示。

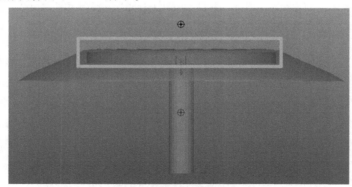

图 16-12　桌布厚度调整

　　【步骤 4】桌布的碰撞体积将会显著减少,现在桌布行为更像是薄的织物而非厚的曲面。这一新厚度有助于提高桌布下落到桌子上时桌布碰撞的精确度。从"解算器显示"下拉列表中选择"禁用"（Off）。即使调整了桌布的厚度,桌布仍然不会显示为要与桌子表面发生接触。这是因为被动碰撞对象（如桌子）也拥有碰撞体积。若要进一步提高桌布碰撞的精确度,需要调整桌子的厚度。

【步骤5】转到播放范围的开始处。在场景视图中选择桌子,然后在"属性编辑器"(Attribute Editor)中选择桌子的 nRigidShape1 选项卡。在"碰撞"区域中,从"解算器显示"下拉列表中选择"碰撞厚度",如图 16-13 所示。

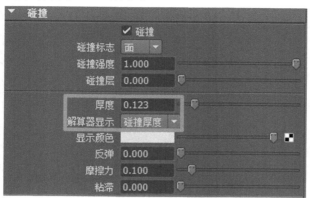

图 16-13　碰撞属性

在场景视图中将出现桌子的碰撞厚度,如图 16-14 所示。

图 16-14　预览 1

将桌子的"厚度"(Thickness)属性值设定为 0.066,如图 16-15 所示。

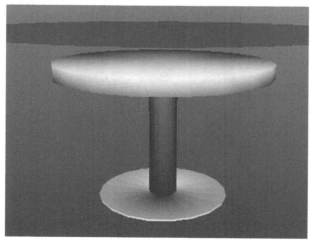

图 16-15　预览 2

【步骤6】桌子的碰撞体积会显著减少,现在,在播放模拟时桌布将与桌子的实际形状保持精确一致。在"碰撞"(Collisions)区域中,从"解算器显示"(Solver Display)下拉列表中选择"禁用"(Off)。桌子的碰撞厚度不再显示在场景视图中。播放桌布模拟,如图 16-16 所示。

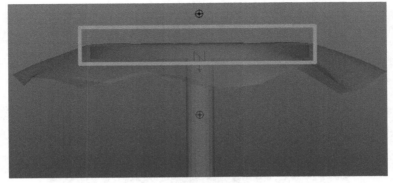

图 16-16　播放动画预览

调整桌布 nCloth 和桌子被动对象的厚度可显著提高桌布碰撞的精确度。

16.4　设定参与碰撞的 nCloth 组件

【步骤1】选择桌布。在"属性编辑器"(Attribute Editor)中,选择"nClothShape1"选项卡。在"碰撞"区域中,从"解算器显示"下拉列表中选择"碰撞厚度"。

【步骤2】默认情况下,"碰撞标志"设定为"面"(Face),如图 16-17 所示。

图 16-17　布料属性

"面"(Face)将提供最佳、最精确的碰撞,但对于碰撞计算而言速度最慢。

将"碰撞标志"选择更改为"顶点"(Vertex)。"顶点"(Vertex)将生成最不精确的碰撞,但对于碰撞计算而言速度最快,如图 16-18 所示。

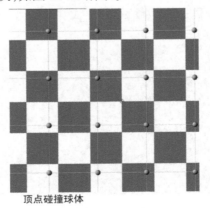

顶点碰撞球体

图 16-18　顶点

　　桌布的碰撞体积从曲面更改为多个碰撞球体。播放桌布模拟。桌布的某些部分未与桌子正确发生碰撞。这是因为,当选择"顶点"(Vertex)作为组件类型时,只有桌布顶点周围的小碰撞球体将参与到桌布的碰撞中,而不是像"面"(Face)那样让整个曲面都参与到碰撞中,如图 16-19 所示。

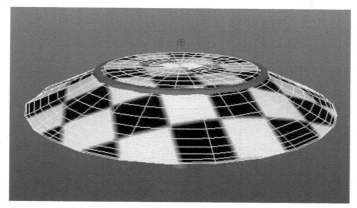

图 16-19　预览

　　顶点和面适用于要通过降低碰撞计算的数量来加快模拟的情况,以及布料模拟无需最大级别碰撞精确度的情况(例如,碰撞 nCloth 对象的距离快照)。将"碰撞标志"重置为默认的"面"选择,然后从"解算器显示"下拉列表中选择"禁用"(Off)。

　　【步骤 3】转到播放范围的开始处,播放桌布模拟。桌布再次轻松、精确地与桌子发生碰撞,如图 16-20 所示。

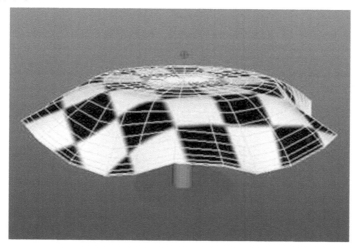

图 16-20　完成图

项目小结

　　本章主要讲解了布料的基本制作方法。用布料还可以制作成其他的效果,如旗帜被风吹动的效果,给角色用布料制作衣服等。在本章节中,我们知道了桌布的制作步骤。但是,如果想要制作更加复杂和细致的布料效果,还需要更多地了解和掌握柔体、约束以及如何缝制等参数。

练习

请制作旗帜被风吹动的效果效果。